세계를 움직인

해전의 역사

세계를 움직인 해전의 역사

_바다에서 만들어지는 역사와 미래

초판 1쇄 발행 2008년 12월 31일
초판 3쇄 발행 2018년 2월 14일

지은이 허홍범 · 한종엽
펴낸이 이원중

펴낸곳 지성사 **출판등록일** 1993년 12월 9일 **등록번호** 제10-916호
주소 (03408) 서울시 은평구 진흥로1길 4(역촌동 42-13) 2층
전화 (02) 335-5494 **팩스** (02) 335-5496
홈페이지 지성사.한국 | www.jisungsa.co.kr **이메일** jisungsa@hanmail.net

ⓒ 허홍범 · 한종엽, 2017

ISBN 978-89-7889-188-2 (04400)
ISBN 978-89-7889-168-4 (세트)

이 도서의 국립중앙도서관 출판시도서목록(CIP)은 서지정보유통지원시스템
홈페이지(http://seoji.nl.go.kr)와 국가자료공동목록시스템(http:www.nl.go.kr/kolisnet)에서
이용하실 수 있습니다. (CIP제어번호:CIP2008003956)

세계를 움직인
해전의 역사

바다에서 만들어지는 역사와 미래

허홍범
한종엽 지음

지성사

우리 민족의 기원은 북방 기마민족이라는 설과 남방 해양민족이라는 설이 있다. 이 중 어느 것이 맞든, 또는 두 가지 모두가 맞든 역사적으로 우리 민족은 바다에서 활발히 활동하던 때에 나라가 융성했고, 그렇지 못한 때에는 외적의 침입을 당했다.

오늘날 세계 무역의 대부분은 바다를 통해 이루어지며, 우리나라 역시 무역을 기반으로 경제 성장을 이루는 무역 국가가 되었다. 이런 현실에서 대부분의 나라들은 바다에서의 힘(해양력)에 크게 의존하고 그 힘을 키우고자 노력하고 있다. 세계로 뻗어 나갈 우리의 국가 경쟁력도 바다에 그 답이 있을 것이다.

임진왜란이 일어난 지 400여 년이 흘렀고 한국전쟁의 포연이 사라진 지 50여 년이 지났다. 그러나 이제 더 이상 이 땅에서 전쟁이 발발해서는 안 된다는 교훈은 여전히 살아서 우리 세대를 향해 국력을 기르라고 일깨워 준다. 특히 해양력은 우리 땅에서 전쟁을 하지 않도록 하는 능력이다.

세계를 제패했던 나라들은 한결같이 강력한 해양력을 가지고 있었다. 또한 사람을 귀하게 여기고 인재를 존중했으며, 그 국민은 진취적인 기상을 가지고 있었다. 우리는 세계화 시대인 오늘날 우리의 젊은 세대가 세계 평화와 번영을 위해 국제무대에서 활약할 것을 기대한다. 그리고 이를 위해 세계로 보다 안목을 넓히기를 바라며, 이 책에서 세계 역사를 통해 해양력이 어떤 영향을 미쳐 왔는가를 말하고자 한다.

바다로 나가 강대국이 되고자 하는 생각은 언제부터 생겼을까? 세계를 지배했던 나라들은 어떻게 해양력을 키웠고, 어떻게 이를 이용했을까? 해양력의 가장 중요한 수단이 되는 군함은 어떻게 발달해 왔을까? 이 책을 통해 이런 의문에 대한 답을 얻고 꿈을 키우며 진취적인 기상을 가질 수 있기를 바란다.

2008년 12월

허홍범, 한종엽

:: 이 책에 나오는 주요 해전의 위치

한산도 대첩
명량 대첩
노량 해전

1부 : 노선시대

군함의 시대는 주로 군함을 움직이는 동력에 따라 나뉜다. 고대는
노선檣船시대로, 노선이란 사람의 힘으로 노를 저어 동력을 얻는
선박을 말한다. 노선시대는 인류 역사가 시작된 이후 16세기 범선
시대가 시작되기까지로, 군함의 역사에서 가장 긴 기간을 차지한
다. 군함으로서 노선은 적선을 충돌 공격해 파괴하기 위한 '충각'
을 뱃머리에 붙인 것이 상선과 다르다. 이때의 전투 방식은 군함
들이 서로 충돌한 후 활과 칼로 싸우는 형태였다.

고대의 해전과 배를 만든 기록

고대에 바다에서 벌어진 전투와 고대인이 만든 배에 관한 기록은 그리 많지 않으며, 일부 단편적인 기록에서 엿볼 수 있을 뿐이다. 그러나 성경에 인류 최초의 배인 노아의 방주를 만들어 사용했다는 기록이 있듯이, 배의 역사는 인류의 역사와 함께 시작되었다.

기원전 2450년경 이집트의 피라미드에는 해외 원정대를 환영하는 조각이 부조로 새겨져 있다. 이는 이집트인이 레반트(현재 시리아, 레바논, 이스라엘 지역에 건설되었던 고대 제국)를 원정한 것으로 해석되고 있다.

그리스와 터키 지방에 살던 사람들도 배를 만들어 바다

에서 활동했다. 기원전 2000~기원전 1500년경에는 미노 아인들이 최초로 해군을 조직해 크레타 섬을 정복하고 식민지를 만들었다고 한다. 기원전 1500~기원전 1200년경에는 동지중해의 에게 해 부근에 살던 미케네인들이 해상무역을 장악했다.

우리나라의 경우 고조선 시대인 기원전 2131년에 배를 만드는 조선소를 설치했는데, 이때 마한에서 기술자 30명을 보내 도왔다는 기록이 있다. 기원전 1846년에는 송화강가에 배와 기계를 만드는 관청을 두고, 새로운 기계를 만드는 사람에게는 상을 주었다고 한다.

기원전 1475년경 이집트는 군함으로 레반트 지역을 공격하고 해적 행위도 했으며, 기원전 1370년경에는 레반트를 바다에서 봉쇄하기도 했다. 기원전 1400년경에는 '해양민족'으로 불리는 사람들(이들의 출신에 대해서는 그리스 이주민, 팔레스타인인, 트로이인, 이탈리아인, 북유럽인 등 여러 가지 설이 있다)이 나타나 기원전 1200년경 가장 왕성하게 활동했는데, 기원전 1190년경 이집트가 이들과 싸워 이겼다는 기록이 있다. 당시 이집트인은 굽은 형태의 거대한 군함과 활을 사용했지만, 해양민족의 군함은 배의 앞뒤가 평평

△ 기원전 1190년경 이집트인과 해양민족 간의 해전 모습

해 덜 굽은 형태였고 크기가 작았으며 노의 수도 적었다. 이를 통해 해양민족의 함선이 항해용 선박이라기보다는 연안 방어용이었던 것으로 추측된다.

트로이 전쟁과 펜티콘터

기원전 1194년 그리스의 미케네인들은 군함을 이끌고 트로이를 공격해 10년간의 긴 전쟁에서 이겼다. 성벽을 쌓아 적을 방어하는 방법을 주로 사용하던 트로이는 해양력을 기르지 못해 멸망하고 말았다. 호메로스Homeros는 이 트로이 전쟁의 이야기를 유명한 「일리아드」와 「오디세이」라는 시로 써서 후세에 남겼다. 호메로스는 이 전쟁의 원인을 트로이 왕자가 그리스 왕비를 납치한 것으로 그리고 있지만, 학자들은 다다넬즈 해협에서의 해상무역권을 놓고 벌인 전쟁으로 보고 있다.

당시 미케네인이 사용하던 군함은 세계 최초의 표준 군함인 '펜티콘터'로, 배의 양쪽 가장자리에서 각각 25명씩 모두 50명이 노를 저었다. 펜티콘터는 기원전 1300~기원전 1200년경에 등장해, 기원전 500년경 그리스의 3단노선이 등장할 때까지 표준 군함으로 사용되었다.

펜티콘터는 기원전 900년경 획기적으로 '충각衝角'이라는 장치를 군함 앞에 달았다. 이때부터 군함과 상선의 모양

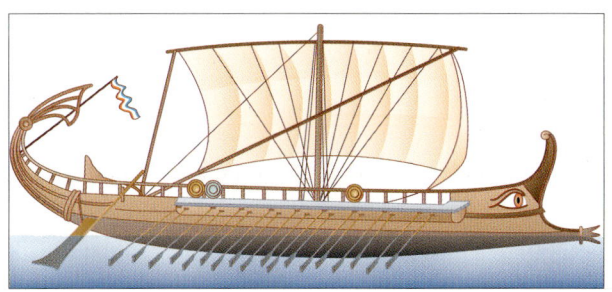

△ 뱃머리에 수면 위로 코처럼 뾰족하게 나온 부분이 충각으로, 적의 배에 충돌해서 배를 부수는 역할을 한다.

이 달라졌으며, 이처럼 상선을 그대로 군함으로 쓸 수 없게
되자 부강한 나라만이 군함을 많이 만들 수 있었다. 이 시
기는 세계가 청동기 시대에서 철기 시대로 옮겨 가는 때였
다. 군함은 충격을 어느 정도 견딜 수 있도록 더욱 튼튼한 구
조로 만들어졌고, 노를 젓는 사람과 전투하는 병사를 보호하
기 위해 상부 구조를 만들게 되어 여러 층으로 발전했다.

2단노선과 3단노선의 등장

최초의 2단노선은 기원전 775년경에 등장했다고 여겨
지며, 기원전 500년경 그리스의 3단노선이 등장할 때까지
200년이 넘는 기간 동안 주력함 역할을 했다(그 후에도 2단
노선은 역사에서 사라지지 않고 계속 존재하다가 뒷날 로마 해군
에서 가장 중요한 역할을 했다). 기원전 8세기 중엽인 당시 지
중해 연안에서는 페니키아와 그리스가 제해권을 장악했다.
이를 이용해 페니키아는 아프리카 북단에 카르타고를 건설
했고 그 영향이 스페인 지방까지 미쳤으며, 그리스인들은
이탈리아 연안과 남프랑스, 스페인 동해안에 도시국가를
건설했다.

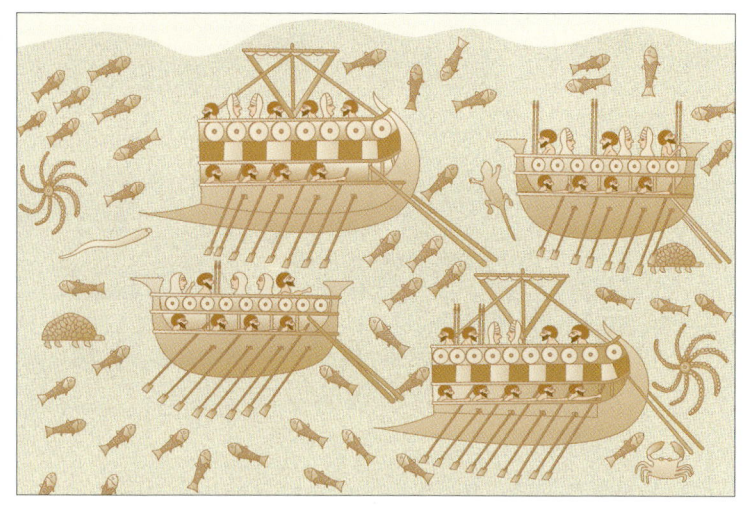

△ 기원전 8세기경 페니키아의 2단노선(군함)과 상선. '2단' 이란 2층으로 이루어졌다는 뜻이다.

한편 우리나라의 경우 기원전 667년 고조선이 배반명에게 삼도(학자들은 일본이라고 여기지만, 어느 지역인지는 정확하지 않다)의 왜적을 토벌하도록 했으며, 배반명은 500척의 함선을 이끌고 가서 삼도를 정벌했다는 기록이 있다.

그리스의 3단노선은 기원전 700년경에 개발이 시작된 것으로 보이나, 본격적으로 사용된 것은 기원전 500년경부터이다. 이 시점은 그리스와 페르시아 간의 전투와 아테네와 스파르타를 중심으로 한 그리스 도시국가 간의 펠로

△ 3단노선은 길이 36미터, 넓이 5.4미터 정도의 크기로 약 200명이 탈 수 있었다. 배의 앞뒤를 가로지르는 줄을 사용해 선체의 뒤틀림을 막고, 배 아래가 약간 휘어져 있어 좌초되는 것을 막았다.

폰네소스 전쟁이 일어난 때와 거의 일치한다. 이때부터 세계 최초의 역사가 헤로도토스Herodotos가 쓴 『역사』와 투키디데스Thucydides가 쓴 『펠로폰네소스 전쟁사』를 통해 상세하게 알 수 있는 이른바 '역사시대'로 접어들게 되었다.

살라미스 해전

페르시아는 기원전 492년부터 기원전 480년까지 13년 동안 세 차례에 걸쳐 그리스로 원정을 떠났다. 그 첫 번째는 페르시아의 다리우스 1세Darius I가 다다넬즈 해협을 건너 바다와 육지 양쪽에서 그리스를 공격한 것이다. 그러나 연안을 따라 항해하며 군수 지원을 담당하던 함대가 풍랑을 만나 침몰되자 페르시아군은 되돌아갈 수밖에 없었다.

이어서 기원전 490년에는 페르시아군이 함대를 이끌고 바다를 건너 그리스의 마라톤 평야에 상륙했다. 그러나 아테네의 밀티아데스Miltiades는 마라톤 평야에서 1만 명으로 페르시아의 10만 대군을 맞아 싸워 이를 물리쳤다. 이 전쟁이 남긴 유명한 일화가 바로 마라톤의 유래인데, 한 그리스 병사가 40킬로미터 정도를 달려 승전보를 전하고 죽음으로써 오늘날의 마라톤 경기가 생겨났다고 한다.

다리우스 1세를 이어 페르시아의 황제가 된 크세르크세스 1세Xerxes I는 기원전 480년 세 번째 그리스 원정에 올랐다. 그는 다다넬즈 해협에 부교(배를 잇대어 매고 그 위에 널빤지를 깔아 만든 다리)를 건설했고, 제1차 원정 때 풍랑을 만났던 곳에는 운하를 뚫어 배가 다닐 수 있도록 만반의 준비를 했다. 그리고 18만 명의 지상군과 1300척의 함대를 이끌고 공격했다. 아테네는 육지에서 싸워야 한다고 주장하는 아리스티데스Aristides를 추방하고, 테미스토클레스Themistocles의 주장에 따라 함대를 건설해 페르시아에 대항하기로 결정했다. 테미스토클레스는 군함을 만드는 데 국

△ 살라미스 해전도

가 재정의 중심인 광산 수입의 전부를 사용했다.

　지상전에서는 스파르타의 레오니다스Leonidas 왕이 테르모필레에서 300명의 결사대를 이끌고 결사적으로 저지했으나 몰살당하고 말았다. 그러나 테미스토클레스는 페르시아 함대를 살라미스 해협으로 유인해 대승을 거두었다. 이 해전이 바로 살라미스 해전이다. 결국 크세르크세스 1세는 다다넬즈 해협의 퇴로가 끊길 것을 걱정해 되돌아가야만 했다.

　기원전 5세기까지 아테네 해군은 다양한 수준의 함선과 새로운 충각, 복잡한 전술 그리고 수송선까지 갖춘 매우 정교한 해군으로 발전했다. 이로써 아테네는 해양력을 제대로 사용하는 기반을 완전히 갖추게 되었다.

펠로폰네소스 전쟁

펠로폰네소스 전쟁은 기원전 431년부터 기원전 404년까지 아테네와 스파르타를 중심으로 벌어진 전쟁이다. 전쟁 초기에 아테네는 해양력을 이용해 자유롭게 보급품을 수송함으로써 우세한 위치를 차지했다. 그러나 아테네는 시칠리아 섬 연안에 있던 도시 시라쿠사와의 해전에서 패했고, 아테네 함대가 식량을 구하기 위해 세스토스에 선원들을 상륙시켰을 때 스파르타가 이 함대를 궤멸시켰다. 결국 기원전 404년 아테네는 이 전쟁에서 패배하고 말았다. 아테네의 몰락으로 해양력을 잃은 그리스는 유럽 역사의 주 무대에서 퇴장했으며, 오늘날에는 신화와 철학만이 남아서 과거의 영광을 전하게 되었다.

후계자 전쟁과 다단노선多段櫓船

기원전 332년 마케도니아의 알렉산더Alexander 대왕이 페니키아의 티레를 공략할 때 노선에 투석기(활시위를 당겨 돌을 날아가게 하는 장치)를 싣고 가서 전투에 활용한 이후로, 점점 더 많은 투석기를 실을 수 있는 커다란 노선이 등장하게 되었다.

기원전 323년 6월 13일 알렉산더 대왕이 원정 도중 바빌론에서 열병으로 사망하자, 그가 정복한 광대한 영토는 그의 부하 중 세 장군이 나누어 다스리게 되었다. 마케도니아는 데메트리우스Demetrius가, 시리아는 셀레우코스Seleucos가, 이집트는 프톨레마이오스Ptolemaios가 각각 지배하게 되었다. 그러자 프톨레마이오스는 이집트와 함께 재빠르게 알렉산더의 함대를 차지했고, 데메트리우스 역시 해양력의 중요성을 인식하고 함대를 건설했다. 이로써 마케도니아와 이집트는 해양력 경쟁을 벌이며 점점 더 큰 노선을 만들게 되었다.

프톨레마이오스 4세 시기에는 무려 길이 120미터에 이르는 40단노선을 건조했다고 한다. 그러나 이때의 40단이란 40층을 의미하는 것이 아니라 1개의 노당 노를 젓는 사람 수와 선체의 층수를 곱한 숫자라는 견해가 지배적이다. 즉, 1개의 노당 노를 젓는 사람 수가 20명이고 배가 2층이라면 바로 40단노선인 것이다.

결국 알렉산더 후계자들 사이의 해양력 경쟁에서 우위를 차지한 것은 이집트였다. 그러나 이집트는 이런 노선의 발달과 해양력에 대한 열정에도 불구하고 악티움 해전에서 로마에게 패함에 따라, 해양력의 주도권은 로마에게 넘어가고 말았다.

≫ 알렉산더 대왕 이야기

알렉산더 대왕은 해군 함대를 가지 못한 마케도니아 출신이었지만 해군에 대한 관심과 감각은 남달리 뛰어났다. 기록에 의하면 그는 페르시아 만에서 유리통에 들어가 물속으로 10미터 정도 잠수하는가 하면, 늘 항구도시를 보유하기를 열망했다. 이런 그의 소망은 이집트를 정벌해 알렉산드리아를 건설함으로써 이루어졌다.

△ 알렉산더 대왕

기원전 333년 이수스 전투에서 페르시아의 다리우스 3세를 크게 이긴 그는 적을 추격하지 않고 지중해 연안을 따라 남쪽으로 향했다. 그 이유는 강력한 페르시아의 해군을 정면 제압하는 것이 아니라, 티레와 이집트 등 후방 기지를 하나하나 점령해 나감으로써 적 함대를 무력화시키고 결국 바다를 제패하기 위해서였다.

알렉산더 대왕은 인도를 점령하고 복귀할 때에도 해군을 사용했다. 기원전 325년 여름, 인더스 강을 따라 내려가 인도양에 다다르자 그는 함대를 건설해 연안을 따라 항해하며 지상군에게 보급품을 제공하도록 했다. 도중에 그는 절친한 친구의 죽음을 겪었으나 슬픔 속에서도 해군을 훈련시켜 최강의 상태를 유지했다. 아마도 다음 원정은 해양력에 의지하려 했던 것은 아니었을까.

포에니 전쟁 당시의 해전

로마가 기원전 753년 건국된 후 기원전 270년 이탈리아 반도를 통일할 때까지는 약 500년이 걸렸다. 그동안 상선은 활동했으나 함대를 운용하지 않았던 로마이지만, 일단 이탈리아를 통일하고 나자 지중해의 제해권을 장악하고 있던 카르타고와 충돌하기까지는 그리 오랜 시간이 걸리지 않았다. 그리스인들이 시칠리아 섬에 세운 도시국가인 메시나가 기원전 265년 시라쿠사로부터 공격을 받자 로마에 도움을 청해 온 것이다. 로마가 메시나의 요청을 받아들여 군대를 투입하자 시라쿠사는 카르타고에 도움을 요청했다. 이로써 기원전 264년부터 기원전 146년 카르타고가 멸망할 때까지 세 차례에 걸쳐 로마와 카르타고 사이에 나라의 운명을 건 포에니 전쟁이 시작되었다.

제1차 포에니 전쟁은 시칠리아 섬 쟁탈전이었다. 로마는 지상전에서 연전연승했지만, 해안 도시들은 해군력이 강한 카르타고의 지원을 받았으므로 이를 빼앗을 수 없었다. 여기서 로마는 해군의 중요성을 실감하고, 카르타고의 5단노선을 복제해 군함을 만들었다. 또한 로마군은 흔들리는 배 위에서 안정적으로 전투할 수 있도록 배 끝에 갈고리

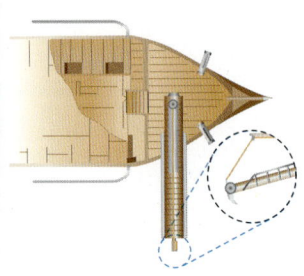

△ 잔교를 단 로마 군함. 잔교는 로마선과 적선을 이어 주며 고정시켜, 육전에 강한 로마 병사들이 안전하게 싸울 수 있도록 해 주었다.

를 단 잔교(코르부스)를 만들어 달았다. 새로 고안한 잔교 덕분에 기원전 260년에 벌어진 로마 최초의 해전인 밀레 해전과 4년 후에 벌어진 에크노무스 해전에서 로마는 연달아 승리했다.

로마가 지중해를 장악할 수 있도록 한 또 다른 공로자는 상인들이었다. 항해에 서툰 로마군은 폭풍우로 인해 여러 차례나 함선과 병력을 잃자 결국 해상 전투를 단념했다. 그 후 몇 년 동안 카르타고는 로마 연안을 유린했고, 이에 견디지 못한 로마의 상인과 시민 그리고 선주들은 기부금을 모아 200척의 함선을 만들었다. 그리고 기원전 241년 아에가테스 해전에서 로마는 카르타고를 격파하고 시칠리아 섬의 지배권을 차지했다.

로마가 지중해의 제해권을 장악한 것은 커다란 의미를 가진다. 이어지는 제2차 포에니 전쟁에서 카르타고의 명장 한니발Hannibal은 지중해를 지나갈 수 없었기 때문에 험난한 알프스를 넘어 육로를 따라 기나긴 원정을 해야만 했다.

이때 한니발의 혁혁한 전공에도 불구하고 로마 장군 스키피오Scipio가 바다를 건너 카르타고 중심부에 일격을 가하자 카르타고는 이에 굴복해 식민지와 해군을 모두 포기하고 평화를 구했다. 그 후 제3차 포에니 전쟁으로 말미암아 카르타고는 결국 완전히 패망하고 말았다. 포에니 전쟁은 해군력의 중요성을 알려 주는 대표적인 사례이다.

이로써 로마는 카르타고를 극복하고 지중해의 지배권을 장악하게 되어 대제국으로 발돋움할 기틀을 마련했다. 카르타고보다 항해술이 뒤떨어지는 로마가 해전에서 승리할 수 있었던 결정적인 원인은 함선에 새로운 장치(잔교)를 설치한 것이다. 즉, 뛰어난 기술이 해전에서의 승패를 좌우한다는 사실을 알 수 있다.

악티움 해전

기원전 44년 로마에서 권력을 차지했던 시저Caesar가 죽자 옥타비아누스Octavianus, 안토니우스Antonius, 레피두스Lepidus가 각각 서부 로마, 동부 로마, 아프리카를 다스리게 되었다. 당시 로마에서는 시저의 경쟁자였던 폼페이우스

Magnus Gnaeus Pompeius의 아들 섹스투스 폼페이우스sextus Pompeius가 로마 함대를 장악하고 있었다. 옥타비아누스의 오랜 친구이자 해군 제독이었던 아그리파Agrippa는 견고한 대형 함선을 만들어 기원전 36년 나울로쿠스 해전에서 속도와 기동력이 우세한 섹스투스 폼페이우스의 소형함 함대를 무찔렀다. 이로써 로마의 제해권은 옥타비아누스에게 돌아가게 되었다.

그리고 기원전 31년 로마의 옥타비아누스 함대와 안토니우스(로마)–클레오파트라(이집트) 연합함대 사이에 악티움 해전이 벌어졌다. 여기서 아그리파는 안토니우스의 대

△ 악티움 해전도

형함으로 구성된 함대에 소형함(2단노선) 함대로 대항해 승리했다. 이렇게 소형함으로 대형함을 이기자 비용이 많이 드는 대형함은 매력을 잃게 되고, 2단노선인 '리버니안'이 이후 로마 시대의 표준 군함이 되었다.

악티움 해전은 몇 가지 중요한 의미를 지닌다. 첫째, 이 해전에서 옥타비아누스가 승리함으로써 이집트는 4000년 동안의 강대국 자리에서 물러나게 되었다. 둘째, 이 해전은 500년에 걸쳐 사용되어 온 대형 전투 노선의 종말을 알리는 것이기도 했다.

로마와 아랍의 해양력 경쟁

중세에는 로마와 아랍 간에 끊임없는 해양력 경쟁이 펼쳐졌다. 이슬람교를 창시한 마호메트Mahomet로부터 시작된 아랍은 이집트를 장악함으로써 이집트의 해군력을 손에 넣었고, 651년 페르시아를 무너뜨렸다. 아랍이 터키 남부 해안을 따라 침공하자 동로마 제국인 비잔틴 제국은 대규모 함대를 보내 이를 막으려 했다. 이것이 655년에 일어난 마스트 해전이며, 여기서 양쪽은 많은 손실을 입었으나 결국 아랍 함대가 승리했다.

그러나 때마침 일어난 아랍 내부의 분쟁으로 비잔틴 제국은 숨을 돌릴 수 있게 되었다. 이어 677년에 벌어진 실레움 해전에서는 비잔틴 제국이 '그리스 화약'이라는 무기로 아랍 함대를 격파했다. 그리고 717년, 718년, 747년, 813년, 868년, 880년, 908년에 각각 벌어진 해전에서 비잔틴 제국은 이 신무기를 이용해 아랍 함대를 방어하는 데 성공했다. 역사가들은 이 그리스 화약이라는 신무기로 인해 비잔틴 제국이 오랫동안 지탱할 수 있었다고 말하기도 한다.

동아시아의 해양력 경쟁

동아시아에서는 4~5세기경 백제가 해양력을 이용해 해상무역을 주도하며 광대한 영역을 다스린 것으로 알려져 있다. 그러나 백제는 660년 나당 연합군을 바다에서 막지 못해 무너지고 말았다. 백제의 부흥군은 왕자 풍을 중심으로 한때 강력한 세력을 확보했으나, 663년 백강 해전에서 나당 연합군에게 백제 · 왜 연합군이 패배함으로써 백제는 영원히 역사 속으로 사라졌다.

　백제의 해양력을 이어받은 신라는 675년 천성 해전에서 당의 해군을 물리치고 삼국을 통일할 수 있었다. 그리고 해상왕 장보고가 해상무역을 주도하면서 통일신라 시대에는 국가 번영을 이룩했다. 고려를 건국한 왕건 역시 해양력에 기반을 두었으며, 903년 그의 나주상륙작전은 해상무역의 요충지를 장악한 것으로 의미가 크다. 고려는 1274년과 1281년 두 차례에 걸쳐 몽고와 함께 일본 정벌에 나섰으며, 당시 고려의 배가 원나라 배에 비해 풍랑에 잘 견뎠다고 전해진다.

≫ 최무선 이야기

최무선은 고려 말인 1377년 조정에 건의해 화통도감을 설치하고 화약과 화포를 제작했다. 그는 화약 제조에 필요한 초석, 유황, 분탄 등을 조사한 후 유황과 분탄은 구하기 쉬우나 초석의 제조가 어렵다는 것을 알아냈다. 그래서 중국 상인으로부터 초석 추출법에 관해 들은 것을 기초로 하여 거듭된 실험 끝에 화약을 발명했다.

△ 최무선

그는 여러 차례에 걸친 건의로 1377년 10월 화통도감이 설치되자 본격적으로 화약과 화포 제조를 연구했다. 그 결과 화약과 함께 화포, 화전 발사 장치, 로켓포 등 모두 18가지의 화기를 발명할 수 있었다.

1380년 왜구가 500여 척의 함선을 이끌고 금강 하구를 침략했을 때, 그는 사령관으로 출전해 100여 척의 함선으로 적을 무찔렀고, 왜선은 47척만이 겨우 도망쳤다.

최무선은 과학적인 실험과 더불어 정치가들을 설득해 화통도감이라는 새로운 조직을 마련했고, 화약과 새로운 무기를 발명했으며 나아가 새로운 유형의 전투까지 수행한 과학자이자 유능한 장군이었다.

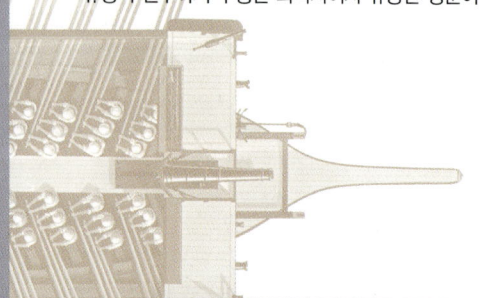

대항해시대와 범선의 발달

바다로 가면 부자가 될 수 있다는 것을 처음으로 깨닫고 탐험 항해를 시작한 나라는 포르투갈이었다. 포르투갈의 엔리케Henrique 왕자는 왕위에는 관심이 없었다. 그는 '항해정보센터'를 세우고, 항해 기술자들을 모아 해도와 항해기구를 개량해 1420년부터 아프리카 연안을 따라 탐험 항해를 하도록 지원했다. 그 결과 범선과 항해술의 발달을 가져와 대항해시대를 열었고, 유럽의 식민지 개척이 시작되었다. 사실 포르투갈의 바스코 다 가마Vasco da Gama가 인도 항로를 개척한 시기로부터 60여 년 전, 중국의 정화 함대는 이미 아프리카까지 항해를 했다. 즉, 기회는 동양에 먼저 있었다고 할 수 있다. 그러나 중국은 조공무역에 열중하며 황제의 위용을 알리는 데 그쳤다.

거대한 제국 로마는 노선과 함께 역사의 무대 뒤로 사라지고, 범선이라는 새로운 형태의 함선은 자신을 발달시켜 줄 새로운 주인공을 기다리고 있었다. 사실 돛을 달았다고 모두 범선은 아니다. 노선에도 초창기부터 돛을 달았지만, 군함은 전투를 할 때 돛을 내리고 노를 저어 싸웠다. 따라서 해전에서 노선과 범선은 군함이 전투 시 주로 노를 사용하느냐 아니면 돛을 달고 싸우느냐에 따라 구분한다. 함선의 모양으로만 보면 1200년경 한자동맹(13~17세기 북유럽 해안 도시들 사이에 해적을 막고 등대를 건설하는 등 공동의 이익을 위해 결성된 동맹) 국가들이 사용하던 범선 '코그'가 전투에 사용된 최초의 범선이라고 볼 수 있다. 그러나 전투용 범선끼리의 최초 해전은 1588년 무적함대 해전으로 보고 있으며, 역시 이때를 범선시대의 시작으로 보는 의견이 지배적이다.

유럽의 초기 범선은 사각돛을 사용해 순풍에는 속도를 얻었지만 역풍이 불면 항해가 어려웠다. 아프리카 일주를 위해서는 일 년 내내 동풍이 부는 무역풍 지역에서 바람을 거슬러 항해할 필요가 있었기에, 역풍을 받고도 지그재그로 항해할 수 있도록 삼각돛을 사용하는 범선 '카라벨'을 만들었다.

이와 같은 노력 끝에 드디어 1488년에는 포르투갈의 디아스Bartholomeu Diaz가 아프리카 남단의 희망봉을 통과했다. 그는 항해 중에 사로잡은 노예와 향료를 유럽 시장에 팔아 큰돈을 벌게 되었다. 이는 해상무역을 통해 부를 얻을 수 있다는 사실에 온 유럽이 눈을 뜨는 계기가 되었다.

대양 항해를 위해서는 많은 물
과 보급품을 실어야 하기 때문에
보다 큰 함선이 필요한데, 삼각돛
만으로는 바람을 받는 힘이 상대적
으로 약해 커다란 범선에는 알맞지
않았다. 이에 따라 디아스의 아프
리카 항해 이후에는 사각돛과 삼각

△ 바스코 다 가마의 인도 탐험 항해 시
기함인 '산 가브리엘'

돛을 섞어 사용하는 '캐럭'이 등장했다. 이를 이용해 1497
년 바스코 다 가마는 인도 항로를 개척했고, 이는 유럽에
커다란 변화를 몰고 왔다. 동서 중계무역과 십자군 전쟁 특
수를 누리며 번성하던 이탈리아 도시국가들의 몰락을 가져
왔으며, 지중해 시대는 끝나고 바야흐로 대서양의 시대가
도래하게 되었다.

포르투갈의 한 왕자가 해상무역의 가치에 눈을 뜨고 항
해를 조직적으로 장려한 결과 획기적인 변화를 일으킨 것
이다. 대양 항해가 가능한 선박 개발과 식민지 건설뿐만 아
니라 과학적으로도 "지구는 둥글다"는 선구적인 학자들의
주장을 입증했으며, "가 보라!"는 경험주의가 등장하는 밑
거름이 되기도 했다. 그리고 식민지가 가져오는 경제적인

이득으로 인해 해외 식민지 쟁탈에 경쟁이 일어났다. 이는 곧 식민지 확보와 유지에 필수적인 해양력의 경쟁을 가져 왔다.

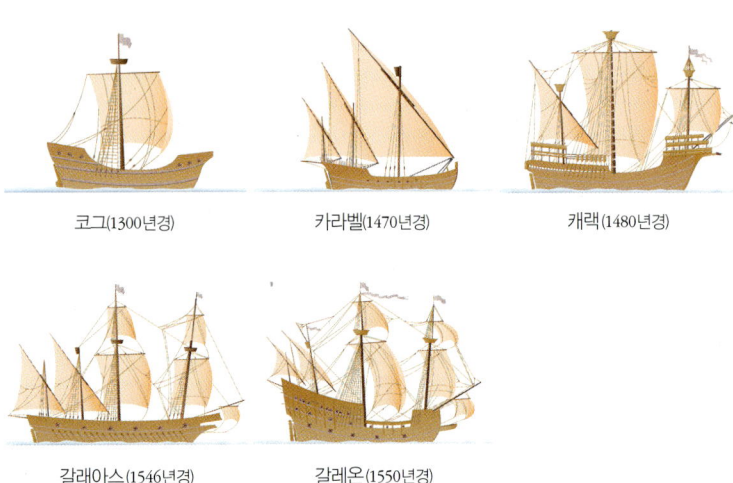

코그(1300년경)　　　카라벨(1470년경)　　　캐랙(1480년경)

갈래아스(1546년경)　　　갈레온(1550년경)

△ 여러 종류의 범선들

≫ 콜럼버스 이야기

이탈리아 태생의 콜럼버스^{Christopher}
Columbus는 1476년 산비센트 앞바다에서 프
랑스 해적의 공격을 받아 표류하다가 포르투
갈에 도착했다. 그는 리스본에 정착해 독학
으로 천문지리학을 공부했으며, 해도 제작
능력도 갖추었다.

△ 콜럼버스

콜럼버스는 1484년 포르투갈 황제 주앙
2세^{John II}에게 서쪽으로 인도에 이르는 항해 계획을 설명하고 제독으로서의
지휘권과 함선, 선원, 보급품을 지원해 줄 것을 요청했으나 거절당했다. 그로
부터 4년 후 다시 포르투갈 왕실에 후원을 요청했으나 또다시 거절당했다.
콜럼버스는 포르투갈 왕실의 거듭된 거절에 이번에는 스페인 왕실의 문을
두드렸다. 그는 스페인에서도 세 번이나 거절을 당했으나 마침내 허락을 받
아, 1492~1502년까지 10여 년간 네 차례에 걸쳐 탐험 항해를 하게 되었다.

그리고 콜럼버스가 이 항해에서 신대륙 아메리카를 발견하자, 포르투갈
이 식민지를 독점해 왔던 이전과 달리 그때부터는 대서양 중앙의 서경 49도
50분 선을 기준으로 동쪽은 포르투갈이, 서쪽은 스페인이 식민지를 나눠 가
지게 되었다. 이로써 스페인은 유럽 최강국이 되었고, 스페인의 넓은 영토를
통치하는 데 필요한 국가 재정의 3분의 1 이상을 아메리카로부터 실어 오는
금과 은으로 채웠다. 이런 광물 자원과 원자재의 공급원을 차지하면서 유럽
의 경제는 큰 변혁을 가져오게 되었다.

≫ 마젤란 이야기

포르투갈의 하급 귀족으로 태어난 마젤란Ferdinand Magellan은 24세에 함대에 입대해 사병으로 복무하다가, 인도 항해에서 공로를 세워 장교가 되었다. 그는 포르투갈 왕에게 서쪽으로 항해해 인도에 다다르는 길을 안다며 지원을 요청했으나 번번이 거절당했다. 결국 마젤란은 스페인으로 가서

△ 마젤란

우여곡절 끝에 스페인 왕으로부터 5척의 범선과 항해 지원을 허락받고, 1519년 8월 10일 출항했다.

마젤란의 부하 함장들은 모두 스페인 장교였으므로 그에 대해 거부감이 강했다. 그해 겨울 남위 49도의 혹한 속에서 일어난 반란을 진압하는 어려움 속에서도 마젤란은 1520년 10월 21일 태평양으로 통하는 해협을 발견했다. 그러나 가장 큰 배가 도주해 보급품의 상당 부분을 잃어버렸다. 그래도 마젤란은 항해를 계속해 그해 11월 28일 드디어 범선 3척을 이끌고 태평양으로 들어섰다.

항해가 계속되는 동안 선원들은 혹독한 배고픔에 쥐를 먹거나 닻줄을 보강하기 위해 씌워 둔 소가죽을 벗겨 먹었으며, 괴혈병이 돌아 선원의 10분의 1이 죽었다. 이런 고통에도 불구하고 마젤란은 마침내 1521년 3월 6일 항해를 끝냈고, 필리핀의 세부 섬에 상륙해 식민지를 확보했다. 그러나 그는 세부 왕국의 적과 싸우다가 결국 어이없는 죽음을 당하고 말았다. 1522년 9월 6일 항해의 기함인 빅토리아호는 단 18명의 선원을 태우고 귀항했다.

레판토 해전

포르투갈과 스페인이 탐험 항해를 통해 식민지를 확장할 때 소아시아에서는 오스만 제국이 착실히 영역을 넓히고 있었다. 1299년 터키 북부 지방에서 시작된 오스만은 1683년까지 북쪽으로는 발칸 반도와 헝가리, 남쪽으로는 이집트와 에티오피아, 서쪽으로는 알제리에 이르는 광대한 영토를 다스리는 제국으로 성장했다.

1453년 동로마 제국이 오스만 제국에게 무너진 후 오스만 제국은 북아프리카를 통일하고 유럽으로 눈을 돌렸다. 그러자 지중해 진출을 기도하는 오스만 제국에 대해 로마 교황을 중심으로 한 스페인, 베네치아, 제노바의 기독교 세력이 연합함대를 만들어 이에 대항했다. 이 기독교-이슬람 양 세력 간 대결의 정점은 1571년 10월 7일 양쪽 함대가 그리스 코린트 만 입구의 레판토 앞바다에서 벌인 레판토 해전이었다.

기독교 연합함대와 오스만 제국 함대의 전력을 비교해 보면 배의 수는 오스만 제국이 약간 우세했고, 대포는 기독교 연합함대가 두 배 이상 우세했다. 당시 기독교 연합함대에는 '갈래아스'라는 새로운 형태의 배가 있었는데 이는 상업용 배에 함포를 많이 싣기 위해 배의 앞머리를 높여 만든 대형함이었다.

각 함대는 중앙 전대와 우익, 좌익 그리고 예비대의 4개 부대로 이루어졌다. 전술은 먼저 포를 사용해 기선을 제압하고, 노선시대와 동일한 방식으로 돛을 내리고 노를 저어 적의 배에 충격을 가한 후에 백병전(무기를 가지고 직접 몸으로 맞붙어 싸우는 전투)을 했다. 특히 서로 상대방의 지휘관이 타고 있는 기함을 집중 공격함으로써 적의 지휘부를 무력화하려는 전술을 사용했다. 결국 이 전투에서 오스만 제국 함대의 지휘관 알리 파샤Muezzinzade Ali Pasha('pasha'는 신분이 높은 사령관 등에게 주는 영광스러운 이름이다)는 전사하고

△ 레판토 해전도

말았다.

결과는 기독교 연합함대의 대승이었다. 커다란 갈래아
스선은 많은 함포로 기선을 제압할 수 있었으며, 높이가 높
아 오스만 제국의 함선이 이를 피하려 하다가 전열이 흐트
러졌다고 한다. 또한 기독교 연합함대의 병사들은 기사도
정신으로 무장하고 보병의 전투력이 우세했다. 해전은 마
치 기마전과 같아, 함선 1척이 먼저 무력화되면 점점 더 많
은 적선과 싸워야 하므로 불리하게 된다.

이 해전은 크게 두 가지 의미를 가진다. 첫째, 당시는
이미 범선이 발달한 시대였는데 이 해전은 노선시대의 방
식으로 싸운 마지막 해선으로 보고 있다. 둘째, 오스만 제
국 함대이 지중해 진출을 믹음으로써 유럽의 기독교 문명
을 지켜 낼 수 있었다.

대영제국의 용트림

영국은 프랑스와의 100년에 걸친 전쟁을 마치고, 1455
년부터 30년 동안이나 장미전쟁으로 불리는 지루한 왕권
다툼을 벌였다. 이 전쟁이 끝나고 헨리 튜더Henry Tudor, 즉

△ 앙리그라세디우는 2층 캐랙선이며 톤수 1000~1500톤, 길이 50미터로 700~1000명을 태울 수 있었다. 43문의 무거운 청동포와 141문의 가벼운 포를 실었고, 포문을 최초로 설치한 당시 유럽 최대의 함선이다.

헨리 7세가 튜더 왕조를 열었다.

스페인과 포르투갈이 탐험 항해로 얻은 식민지를 둘로 나누어 세력을 누리고 있을 때, 헨리 7세 역시 영국의 미래가 바다에 있다고 판단하고 항해를 적극적으로 권장했다. 그는 왕립 조병창(병기를 만드는 공장)을 두어 선박을 만들었으며, 이탈리아에서 조선 기술자를 초대하고, 조선기술학교를 세운 것으로 알려져 있다.

이를 이어받아 헨리 8세는 해양 관련 업무를 주관하는 관청을 두었으며, 대포를 선창(배의 창고)에 설치해 포문을 낸 형태의 군 전용 범선을 개발했다. 1514년 건조한 '앙리 그라세디우'는 최초의 군 전용 범선이었다. 1547년에는 왕립 함대를 보유했고, 이를 관리하기 위한 행정 체계를 수립해 오늘날 해군 본부의 기초가 되는 조직을 갖추었다. 또한 함포의 성능을 최대화할 수 있는 운용 전술도 정립했다.

1558년 엘리자베스 1세Elizabeth I는 왕위에 오르자 왕실

조선장 제도를 두어 선박 건조를 장려했으며, 존 호킨즈 John Hawkins, 프란시스 드레이크Francis Drake 등 유명한 사략선(정부로부터 적선을 공격하고 붙잡을 권리를 인정받은 무장한 사유私有 선박) 선장을 해군 주요 관직에 임명했다. 이런 영국 왕실의 조직적이고 적극적인 지원에 힘입어 영국은 해군력을 바탕으로 다가오는 범선시대의 주인공으로서 기반을 다졌던 것이다.

≫ 드레이크 이야기

영국의 사략선장으로 스페인 식민지를 돌며 노예 무역을 하고 때로는 약탈을 하기도 했다. 스페인은 그를 해적으로 간주하고 현상금을 걸었다.

△ 드레이크

1578년 드레이크는 마젤란에 이어 두 번째로 마젤란 해협을 통과해 태평양으로 항해했다. 1581년 4월 4일 영국의 엘리자베스 1세는 스페인이 그의 해적 행위를 이유로 처벌을 요구했을 때 그에게 오히려 기사 작위를 주었다. 그는 1588년 스페인 무적함대와의 해전 시 영국 함대 부사령관으로서 공격적으로 함대를 이끌면서, 작고 빠른 화공선을 활용해 스페인 무적함대를 격파했다.

△ 드레이크의 기함 골든하인드호

2부 : 범선시대

범선은 바람의 힘을 빌려 동력을 얻는 선박으로, 범선시대에는 대
양을 항해할 수 있게 되었다. 포르투갈과 스페인은 탐험 항해를
주도하며 식민지를 건설해 향료와 노예 무역을 시작했다. 부富가
유럽으로 몰렸고, 식민지를 유지하기 위한 해양력 경쟁이 본격화
되었다. 그리고 이 해양력 경쟁의 최종 승자인 영국은 '해가 지지
않는 나라'를 건설했다. 당시 해전에서는 주로 함대가 일렬로 움
직이면서 서로 마주 보고 함포로 교전했다.

무적함대 해전

영국이 헨리 7세 이후 항해를 장려할 당시에는 온통 스페인의 세상이었다. 일찍이 포르투갈과 함께 신항로 개척과 신대륙 발견, 식민지 개척에 뛰어들었던 스페인은 펠리페 2세Felipe II (재위 1556~1598)에 이르러 네덜란드, 밀라노, 나폴리, 시칠리아 등을 소유하며 신대륙과 필리핀을 식민지로 두었던 강대국이 되었다.

영국의 엘리자베스 1세는 이렇게 강대한 스페인에게 도전장을 던졌다. 1566년부터 일어난 네덜란드 독립운동을 지원했으며, 영국의 사략선이 스페인 식민지를 약탈하도록 허락했다. 종교적으로도 로만 가톨릭의 전도자로 자

부하며, 식민지에 가톨릭을 전파하던 스페인에 대항해 성공회를 국교로 선포했다. 그녀는 스페인이 해적이라고 처벌을 주장하던 존 호킨즈를 해군위원회 위원으로 삼아 군함 건조와 재정 및 군수 지원을 담당하도록 했고, 드레이크에게는 기사 작위를 수여했다. 그녀가 조직적으로 키워 온 함대와 스페인이 처벌하라고 요구하는 범선 운용의 귀재들 그리고 돈독한 신앙심을 믿고 내린 결정이었다.

1586년 드디어 스페인의 펠리페 2세는 영국 정벌을 결심했다. 레판토 해전의 영웅 산타크루즈^{Santa Cruz} 제독은 황제의 명을 받고 대형 전투함 '길레온'을 비롯한 수송선, 연안보조선 그리고 선원과 병력을 준비했다. 스페인은 부족한 병력을 보충하기 위해 무적함대로 네덜란드에 주둔해 있는 병력을 호송한 후 노버 해협을 건넌다는 작전을 세웠다.

이에 대해 영국은 공격적으로 무적함대의 출항부터 방해했다. 1587년 드레이크는 무적함대의 근거지인 카디즈 만을 습격해 스페인 함선 37척을 불태우고, 목재를 운반하는 선박도 불태웠다. 자재가 부족해진 스페인은 불량한 목재를 사용할 수밖에 없었고, 이는 식품이 상하고 식수가 새는 원인이 되었다. 이로 인해 무적함대의 출동은 일 년이나 늦춰졌다.

　산타크루즈 제독은 함대가 출항하기 전에 사망했고, 경험이 적은 시도니아^{Medina Sidonia} 제독이 사령관으로 임명되어 1588년 5월 23일 무적함대가 출항했다. 당시 스페인 해군은 여전히 적 함선에 접근해 백병전을 펼치는 레판토 해전 시의 전술을 사용했다. 반면 영국의 전투함은 높이가 낮은 대신 속도가 더 빨랐고 포의 성능과 운용술, 선원의 경험이 앞섰다.

　8월 6일 무적함대는 중립항이자 네덜란드 주둔군과 만나기로 한 프랑스 칼레 항 바깥 바다에 닻을 내렸다. 이튿날 밤 영국 함대는 화공선으로 기습해 무적함대를 혼란시키려고 했다. 8일 아침 영국 함대가 공격해 8시간이나 계속된 칼레 해전에서 무적함대는 커다란 손실을 입었다. 마침 남풍이 불었으므로 무적함대는 북해로 탈출한 후 영국을 돌아 귀국을 시도했다. 그러나 도중에 난파를 당하는 등 천신만고 끝에 9월 말에 귀국한 무적함대는 대부분의 함선과 수많은 선원을 잃었다.

　이듬해 영국은 무적함대를 완전히 궤멸시키기 위해 함대를 보냈다. 그러나 영국 함대는 도중에 그 목표를 포르투

△ 영국과의 전투에서 공격당하는 스페인 무적함대

갈의 리스본 원정으로 확대해 무적함대는 재기의 불씨를 살릴 수 있었다. 이후 무직함내는 1596년과 1597년 영국 원정을 시도했으나 폭풍으로 모두 실패하고 말았다. 1604 년에는 양국이 평화협정을 체결했고, 1648년에 네덜란드 가 스페인으로부터 완전히 독립했다. 네덜란드의 독립 뒤 에는 스페인을 견제하려는 영국의 지원이 있었다.

임진왜란 당시의 해전

　이 시기 우리나라는 임진왜란을 겪게 된다. 임진왜란 당시 주력선이었던 판옥선과 거북선 그리고 안택선은 모양으로 보면 범선이라고 하기 어렵다. 그러나 시기적으로 임진왜란이 무적함대 해전 이후에 일어났으므로 범선시대에 포함하고자 한다. 더욱이 이순신 장군은 적군이 올라탈 수 없도록 거북선의 갑판을 덮고 쇠못을 박아 함포전을 했으므로, 전술로 보면 노선시대의 선상 백병전보다 범선시대의 함포전에 가깝다.

1592년 4월 13일, 700여 척의 일본 함대가 부산을 공격함으로써 임진왜란이 시작되었다. 만약 조선이 영국의 드레이크처럼 일본 함대의 본거지를 공격해 출정을 늦추든지, 최소한 부산 앞바다에서 함대와 함대 간의 해전을 벌였다면 역사는 달라졌을 것이다. 그러나 당시 조선 수군은 경상좌수사 박홍, 경상우수사 원균, 전라좌수사 이순신, 전라

△ 복원한 거북선

△ 판옥선

우수사 이억기가 각각 해역을 나누어 담당하고 있었다. 그리고 각 수사는 70~80척의 함선과 병력을 보유해 치안을 담당하는 수준에 불과했다.

　해양력을 집중해 공격하지 않은 대가는 너무도 컸다. 훌륭한 수군과 인재를 적절히 사용하지 못함으로써 결국 전쟁의 불길을 한반도 내륙으로 불러들이고 말았다. 7년 동안 백성들이 겪은 굶주림과 질병 그리고 전란을 생각하면 몹시 안타까운 일이 아닐 수 없다. 그러나 임진왜란 당시 조선 수군의 역할은 결코 적지 않았다.

한산도 대첩

　1592년 7월 6일, 이순신은 이억기, 원균과 함께 총 56척의 함대를 구성해 동쪽으로 진격했다. 조선 수군은 당포에서 주민을 통해 견내량에 왜선 70여 척이 정박하고 있다는 정보를 얻고 이를 확인했다. 당시 견내량에 있던 일본 함대는 와키사카가 이끌었다. 그는 부산에 머물고 있던 함대와 합세해 싸우기로 되어 있었으나, 자신의 함대만으로도 조선 수군을 충분히 이길 수 있다는 자만심에 빠져 단독으로 출항했던 것이다.

△ 임진왜란 당시의 해전도(해군본부 소장)

이순신은 좁은 견내량에 있는 일본 함대를 공격하기가
쉽지 않고 상황이 불리해지면 육지로 도주할 것이 우려되
어 넓은 한산도 앞바다로 유인해 공격하기로 했다. 먼저 판
옥선 몇 척을 견내량으로 보내 왜군을 자극했다. 이에 일본
함대는 동시에 판옥선을 쫓아 나왔다. 양쪽 함대가 모두 한
산도 앞바다에 이르자 조선 수군은 북을 울려 학익진을 형
성하며 뱃머리를 돌렸다. 조선 함대는 일본 함대를 포위하
고 총통으로 적선을 파괴했으며, 거북선을 적진 속에 투입
해 좌충우돌 포화로 적함을 격침시켰다. 그 결과 왜선 66

척이 침몰되었다.

당시 일본 수군은 조총을 쏘거나 충돌 후 적함에 올라가 백병전을 하는 전술을 사용했다. 그러나 조선 수군은 함포로 적함을 격침시키는 데 중점을 두었다. 조선 수군은 무기나 전술에 있어 한발 앞섰던 것이다. 이는 4년 전인 1588년 영국의 드레이크가 작고 빠른 화공선으로 백병전을 위주로 하는 스페인의 무적함대를 무찌른 것과 비슷하다.

한산도 대첩으로 인해 조선 수군은 남해에서의 제해권을 장악했다. 이 때문에 왜군은 전라도, 충청도, 황해도 연안으로 진출하지 못했으며, 명나라의 랴오둥과 산둥 지방도 위협을 받지 않게 되었다. 이에 따라 명의 지원군이 육로와 해로로 이동할 수 있어, 결국 왜군은 평양에 고립되었고 조선군과 명군은 바다와 육지에서 원활한 활동을 할 수 있게 되었다.

부산포 해전

1592년 8월 중순에 왜군은 진주성 공략을 준비하며 서울에 있던 일부 부대를 남하시켰고, 낙동강 수로를 이용해 약탈한 물자를 부산으로 이동시켰다. 이런 왜군의 남하를 일본이 후퇴하는 것이라고 속단한 경상감사는 이순신 장군에게 통보해 왜군의 해상 퇴로를 차단하도록 요청했다.

이에 8월 24일 이순신과 이억기의 함대가 출항해 이튿날 사량도 앞바다에서 원균의 함대와 합류함으로써 166척의 함대를 구성했다. 27일에는 웅천에 도착해 고성, 진해, 창원 등지의 일본 육군이 모두 후퇴했다는 정보를 입수했다(사실은 이들이 진주성 공격을 위해 김해성으로 집결한 것이었다). 또한 '낙동강 하구에 많은 왜선들이 정박해 있다가 부산 쪽으로 이동했다'는 정보도 입수했다. 조선 수군은 이 정보를 바탕으로 왜군이 철수하는 것으로 판단했다. 이에 조선 함대는 부산포를 공격하기로 결정했다.

당시 부산에는 일본 수군 주력과 새로이 보강된 수군 8000명, 그리고 함선 430여 척이 모여 있었다. 조선 함대는 절영도 앞에서 척후선을 보내 부산포를 정찰했다. 적선이 더 많았으므로 조선 함대는 기습 공격을 하기로 했다. 조선 함대는 한 줄로 긴 장사진長蛇陣을 이루어 포구로 돌진해, 미처 준비가 되지 않은 일본 함대를 향해 총통을 쏴서 격파시켰다. 일본 수군은 출항하지 못하고 육지로 올라가 조총과 활로 대항했다. 조선 수군의 화공에 의해 밀집되어 있던 적선이 불길에 휩싸였다. 날이 저물자 조선 수군은 100여 척의 왜선을 격침시키고 철수했다.

부산포 해전의 결과 일본 함대의 활동은 더욱 위축되었다. 일본 함대는 일본과 부산 간의 주 보급로 확보에 전전 긍긍했으며 조선 수군과의 전투를 피했다. 부산포 해전은 비록 잘못된 정보에 의한 것이긴 하지만 조선 수군이 수행한 대표적인 공격 작전이었다.

명량 대첩

전쟁이 잠시 잠잠해진 동안 조선 조정은 일본의 계략에 속아 이순신 장군을 잡아 고문하는 어처구니없는 일을 벌였다. 그 사이 강화회담이 결렬되자 1597년 왜군이 다시 침공해 칠천량 해전에서 원균의 함대를 격파하고 남해의 제해권을 차지했다.

해전에서의 패배 소식을 들은 조선 조정은 그제야 이순신을 수군통제사에 다시 임명했다. 이순신은 곧바로 임무지로 출발했으며 도중에 병력과 무기와 함선을 수습했다. 그리고 진도 동북쪽 벽파진에 12척의 함선을 가진 소규모

함대를 건설했다. 조정에서는 이순신에게 해전을 포기하고 육지에서 싸우라는 명령을 내렸으나 이순신은 수군으로 적과 싸울 것을 주장했다. 이순신은 해양력의 중요성을 누구보다도 잘 알고 있었던 것이다.

임진왜란 당시 무사히 보호되었던 전라도 지역은 조선 수군의 궤멸과 함께 그해 8월 남원과 전주가 함락되어 왜군의 수중에 떨어졌다. 330여 척의 일본 함대는 9월 7일 해남 남단의 어란포에 도착했다. 이 정보를 입수한 이순신은 명량해협 서쪽의 우수영으로 진영을 옮기고 명량해협에서 적과 교전할 것을 결심했다.

9월 16일, 130여 척의 일본 함대가 명량해협으로 진입했다. 이 보고를 받은 이순신은 13척의 함선으로 해협을 봉쇄했다. 뒤에는 100여 척의 피난선을 두어 마치 주력 함대가 대기 중인 것처럼 위장했다. 왜군과 전투가 벌어질 무렵 조류의 방향이 바뀌었으며, 이때를 이용해 조선 함대는 지자포와 현자포를 쏘아 대며 적선을 격파했다. 급류와 포격에 휘말려 미처 전열을 가다듬지 못한 일본 함대는 서로 충돌하는 등 혼란 속에서 31척이 침몰되었고 결국 뱃머리를 돌려 후퇴하고 말았다.

이로써 조선 수군은 일본 함대가 서해 연안을 따라 북
상하며 수륙양공을 하려던 작전을 저지했다. 또한 조선 함
대가 공격 작전을 세울 수 있는 발판을 마련했다. 이어 이
순신은 수군 8000명을 모으고 함대를 보강해, 10월 29일
에는 목포 앞의 고하도에 본영을 설치하고 본격적인 공격
을 준비했다.

노량 해전

명나라는 조선의 칠천량 해전 패배 이후 수군 1만 3000
여 명을 조선에 파병했다. 명의 장수 진린은 조선의 군관과
병력을 통제할 권한을 얻었다. 조선 함대의 지휘권이 명에
게 넘어간 것이다. 당시 왜군은 도요토미 히데요시의 죽음
으로 인해 본국으로 철수하라는 지시를 받았다. 이에 왜군
은 명군과 휴전을 제안하고 안전하게 부산으로 복귀하고
자 했다.

그러나 명의 수군은 전투 의지가 왕성했으며, 500척의
조 · 명 연합함대는 왜군의 퇴로를 차단하고자 광양만으로
진출했다. 연합함대에 막힌 왜군은 진린에게 뇌물을 보내
길을 열어 줄 것을 요청했다. 진린은 길을 열어 주자고 했

으나 이순신은 이를 완강히 거부했다.

　이렇게 되자 왜군은 부산으로 가기 위해 창선도에 집결해 있던 다른 부대에게 도움을 요청했다. 이를 간파한 이순신은 조 · 명 연합함대가 왜군과 구원군의 사이에서 협공당할 것을 걱정해 함대를 하동 앞바다로 이동시켰다. 조 · 명 연합함대는 1598년 11월 18일 밤 노량 앞바다에 도착해 수로 좌우에 진을 치고 일본 구원군을 기다렸다.

　이순신은 척후선으로부터 일본 구원 함대의 움직임을 보고받고 만반의 준비를 갖췄다. 19일 새벽 명 함대가 먼저 일본 함대를 차단하자 일본 함대는 선제공격을 해 진린이 탄 기함을 포위했다. 그러나 조선 함대가 합세해 명의 기함을 구하고 왜선을 닥치는 대로 침몰시켰다. 그러자 상황은 급격히 반전되어 일본 함대는 도주하고 말았다. 이로써 임진왜란은 결국 왜군의 패배로 끝맺게 되었다.

≫ 이순신 장군 이야기

△ 이순신

- 1545년 음력 3월 8일 서울 인현동에서 태어났다.
- 1576년 32세에 무과 병과에 합격해 함경도 동구비보의 권관으로 임명되고, 1580년 전라도 고흥의 발포 수군만호가 되었다.
- 1583년 함경도 병사 군관으로 울기내 토벌에서 공훈을 세우고, 1587년 함경도 조산보 만호로 여진의 기습을 막아 냈다. 1588년 시전 부락 정벌에 참가해 전공을 세우고, 이듬해 전라순찰사 이광의 군관이 되었다가 정읍 현감이 되었다.
- 1590년 정3품 절충장군으로 승신되었으나 대간들의 발령 반대로 현감 유임했다가, 이듬해 전라좌수사(정3품)가 되었다.
- 1592년 거북선을 완성했고 임진왜란이 발발하자 옥포 해전, 합포 해전, 적진포 해전에서 승리해 가선대부가 되었다. 거북선이 최초로 잠전했던 사천 해전, 당포 해전, 당항포 해전, 율포 해전 등에서 승리하고 자헌대부(정2품 하위)가 되었다. 견내량 해전, 한산도 대첩에서 승리하고 정헌대부(정2품 상위)가 되었으며 안골포 해전, 부산포 해전에서 승리했다.
- 1593년 웅포 해전에서 승리하고 삼도수군통제사에 임명되었다. 1594년 당항포 해전, 장문포 해전, 영등포 해전에서 승리했다.
- 1597년 53세에 누명을 쓰고 서울로 잡혀갔다가 도원수 권율 아래에서 백의종군했다. 그 후 삼도수군통제사로 다시 임명되어 명량 대첩에서 승리했다.
- 1598년 11월 19일 노량 해전에서 전사했으며, 12월 우의정으로 추서되었다.
- 1604년 좌의정 겸 덕풍부원군에 봉해졌고, 1643년 임금이 시호 '충무'를 하사했다.

영국과 네덜란드의 해전

다시 유럽의 해전사로 돌아가 보자. 스페인의 번영을 계승한 국가는 스페인의 무적함대를 격파한 영국이 아니라 영국의 도움을 받아 스페인으로부터 독립한 네덜란드였다. 네덜란드는 1602년 동인도회사를 설립해 중개무역을 발전시켰으며, 암스테르담은 유럽의 경제 중심지가 되었다. 이에 따라 포르투갈이 주관하던 동방무역은 네덜란드의 차지가 되었다.

그러자 영국이 제동을 걸었다. 영국의 크롬웰Oliver Cromwell은 1651년 항해조례를 발표해 영국으로 들어오는 물품은 영국의 함선에 의해서만 가능하도록 했다. 여기에 타격을 받은 네덜란드는 해상무역에 전적으로 의존하던 국가로서 충분한 준비가 없었음에도 불구하고 영국과 전쟁을 치르지 않을 수 없었다. 영국과 네덜란드 사이에 1652년부터 1674년까지 세 차례에 걸쳐 치러진 전쟁은 근본적으로 무역전쟁이었으며 자연스럽게 해군전이 되었다.

네덜란드의 해상 교통로는 영국 해협 아니면 영국 북쪽으로 멀리 돌아서 가야만 하기 때문에 영국 해군의 공격에 그대로 노출되었다. 따라서 네덜란드 해군은 호송 선단을 만들어 상선을 호위했다. 그러다가 양쪽 함대가 바다에서 만나면 격렬한 해전을 치렀다. 네덜란드 해군은 상선을 호송하는 부담을 안고 있었으나 전반적으로 영국 해군과 대등하게 잘 싸웠다.

영국은 프랑스와 동맹을 맺어 프랑스로 하여금 네덜란드를 육지로부터 위협하도록 했다. 결국 바다와 육지 양쪽에서 오랜 전쟁을 치르며 국력을 소비한 네덜란드는 1674년 영국과 평화조약을 체결하고 바다에서 영국의 우위를 인정했다. 이로써 네덜란드가 지배하던 해상무역권은 점차 영국으로 넘어가게 되있다.

당시 범선 간의 전투는 양쪽이 평행하게 항해하며 함포로 교전하는 형태로 발전했다. 군함도 발달해 전열함이 등장했다. 전열함은 갈레온을 보다 유선형으로 바꾼 것으로, 적 대형함의 포화에 견디며 대응할 수 있어 전투 대열에 포함시킬 수 있는 배를 의미한다. 1650년경부터 나타난 전열함은 시간이 지나면서 더욱 많은 대포를 실을 수 있도록 대형화되었다. 1650년경 30문의 대포를 실으면 전열함으로 인정해 주었던 것이 1750년경에는 64문, 1840년경에는 80문으로 증가되었다. 그 크기와 역할에 따라 범선은 전열함과 프리깃, 그리고 슬루프 또는 코르벳으로 나뉘었다.

포틀랜드 해전

제1차 영국-네덜란드 전쟁은 주로 네덜란드 선단의 호송과 이에 대한 영국의 공격으로 이어졌다. 포틀랜드 해전은 1653년 2월 28일부터 3월 2일까지 3일 동안 영국 해협에서 벌어졌다. 네덜란드의 트롬프Maarten Harpertszoon Tromp 제독은 70척의 범선으로 상선들을 호송하던 중 이를 탈취하려는 영국의 블레이크Robert Blake 제독이 이끄는 같은 수의 영국 함대와 전투를 벌였다. 트롬프는 상선들을 본국으로 돌려보내고 영국 함대를 가로막았다. 양측은 각각 세 개의 전대로 나뉘어 치열하게 싸웠다.

결정적인 승패 없이 3일 동안 지속된 해전은 양측 모두 탄약이 바닥나고서야 끝났다. 네덜란드는 전투함 11척과 상선 30척을 잃은 반면 영국은 전투함 1척을 잃는 데 그쳤다. 트롬프는 대부분의 선단을 안전하게 돌려보냄으로써 전략적인 목표를 이루었고, 영국 해군은 이 첫 전투에서 다소 유리한 위치에 서자 네덜란드 해군에 대한 자신감을 가지게 되었다.

블레이크는 전투함이 일렬로 길게 종렬진을 유지하는 것과 풍상 쪽(바람이 불어오는 쪽)을 먼저 차지하라는 범선 전투의 지침을 마련했다. 일반적으로 범선시대 전투에 있어서 풍상 쪽에 위치하면 접근과 공격에 유리하고 반면 풍하 쪽(바람이 불어가는 쪽)은 이탈에 유리한 것으로 알려져 있다. 따라서 이 지침에서 영국 해군의 공격 정신을 읽을 수 있다.

로스토프트 해전

제2차 영국-네덜란드 전쟁은 주로 양국 함대 사이에 제해권을 차지하기 위한 전투로 이루어졌다. 이 중 로스토 프트 해전은 1665년 6월 13일 영국 남동해안에서 벌어진 전투이다. 네덜란드 함대는 수적으로 우세했으나 전반적으로 전투함의 크기와 포의 구경(지름)이 작았다. 양측은 서로 풍상 쪽에 위치하려고 노력했는데 결국 영국 함대가 유리한 위치를 유지했다. 서로 평행하게 일렬로 항해하며 치열한 포격전이 벌어졌다. 먼저 네덜란드의 부사령관이 전사하자 그를 태운 함선이 전열을 이탈하고 말았다. 이 틈을 비집고 영국 함대의 부사령관이 네덜란드 진형을 돌파함으

△ 로스토프트 해전도

로써 네덜란드 함대는 혼란 속에 빠지고 말았다. 결국 네덜
란드 함대 사령관 반 오프담Jacob van W. Obdam이 전사했고,
저녁 무렵이 되자 전투가 끝났다.

이 해전에서 영국 함대는 유리한 위치를 먼저 차지했으
며 진형을 유지한 끝에 승리를 얻었다. 요크James York 대공
은 전투를 승리로 이끈 후에도 전투 지침서와 신호 체계를
개선하는 등 해군 전술 발전에 크게 기여했다.

이듬해 6월 11일부터 4일간 영국과 네덜란드 함대는 영
국 해협에서 다시 한 번 제해권을 놓고 격돌했다. 결과는 네
덜란드 함대의 승리였다. 네덜란드는 영국 함대를 완전히
격파하지는 못했지만 그래도 영국 해협의 통제권을 확보했

고 한때 템스 강 하구를 봉쇄해 영국에게 타격을 주었다.

텍셀 해전

제3차 영국-네덜란드 전쟁은 영국과 프랑스 연합함대의 네덜란드 상륙을 저지하려는 네덜란드 해군의 공격 정신이 돋보인 전쟁이었다. 네덜란드 해군의 선전은 트롬프와 루이터Michiel Adriaenszoon de Ruyter 같은 훌륭한 지휘관을 둔 것에 힘입은 바 크다.

당시에는 영국과 프랑스가 동맹을 맺어 프랑스의 루이 14세Louis XIV가 네덜란드에 선전포고를 했다. 네덜란드의 루이터 제독은 1672년 6월 7일 솔베이 해전에서 네덜란드 침공을 준비하던 영·프 연합함대를 공격해 그들의 상륙을 막았다. 또한 이듬해에는 6월 7일과 14일 두 차례의 스호네벌트 해전에서 연합함대를 격파했다.

1673년 8월 21일 네덜란드 해안에서 벌어진 텍셀 해전은 영국-네덜란드 전쟁 중 마지막 해전이었다. 영국 함대 사령관 루퍼트 왕자는 영·프 연합군의 네덜란드 상륙을 엄호하기 위해 연합함대를 이끌고 텍셀 섬으로 향했다. 루이터가 지휘하는 네덜란드 함대는 해안과 영국 함대 사이

△ 텍셀 해전도

를 가로막아 풍상 쪽에 위치했다. 네덜란드 함대의 후위가 영국과 프랑스 함대 사이를 뚫고 돌파하자 연합함대는 둘로 나누어졌다. 설상가상으로 네덜란드 함대의 후위로부터 강력한 공격을 받은 프랑스 함대는 뒤로 물러나 그 후로는 전투에 참가하지 않았다. 이로써 상황은 영국 함대에게 불리하게 되었다. 양쪽 모두 함선이 침몰되지는 않았으나 연합함대는 2000여 명의 인명 손실을 입었고 네덜란드 함대는 그 절반의 손실에 머물렀다. 다시 한 번 네덜란드 해군은 영국과 프랑스 연합군의 상륙을 좌절시켰다.

프랑스 함대의 행동에 화가 난 영국은 결국 네덜란드와 강화조약을 체결했다. 그리고 바다로부터의 위협이 사라진 네덜란드는 프랑스와 1678년까지 전쟁을 계속했다. 이처럼 영국-네덜란드 전쟁은 전술적으로는 네덜란드의 승리로 끝났다. 그러나 이후 네덜란드가 프랑스와의 전쟁에 몰두하는 동안 해상무역의 주도권은 점차 영국에게로 넘어가고 말았다.

러시아 강대국으로

러시아가 근대에 들어서며 강대국의 지위에 오르게 된 것은 표트르Pyotr 대제의 공로였다. 푸슈킨Aleksander Sergeevich Pushkin은 그를 "학자이자 영웅이었고 항해사이자 목수였다"라고 표현했다. 1695년 러시아는 흑해로 진출하기 위해 터키와 전쟁을 벌였는데, 표트르는 이 전쟁에서 해군 부족으로 인한 한계를 느꼈다. 그는 즉시 함대를 만들기 시작해 짧은 기간 안에 36척의 군함과 수많은 수송선을 만들어 1696년 6월 돈 강을 따라 아조프 해로 나와 흑해로 진출하는 길을 얻어 냈다.

1696년 형 이반이 죽으면서 황제에 오른 표트르는 1697년 서유럽으로 대사절단을 파견했다. 그 자신도 포병으로 위장해 여기에 들어갔으며 네덜란드 조선소에서 두 달 동안 군함을 만드는 데 목수로서 참가했다. 또한 그는 영국에서 해양군사 업무를 연구했고, 독일에서는 포병술을 배웠다.

　1700년 표트르는 터키와 강화조약을 체결하고 발트 해로 나가는 길을 열기 위해, 그리고 17세기 초 스웨덴에 의해 점령된 발트 해 연안 지방을 되찾기 위해 스웨덴과 전투를 시작했다. 처음에는 패배했으나 기병 부대를 조직하고, 군수 공장을 설립해 대포를 만들어 여러 차례 승리했다. 1703년에는 항구도시 뻬쩨르부르그를 건설하기 시작했으며, 완공된 후 수도를 그곳으로 옮겼다. 그는 발트 함대를 건설해 스웨덴 함대를 격파함으로써 1721년 북방전쟁을 승리로 이끌고 영토를 탈환했다. 그는 또한 해군성과 육군성을 포함한 12개 성청을 창설했으며, 교육의 중요성을 실감해 모스크바에 항해학교, 포병 및 공병학교, 뻬쩨르부르그에 해군 장교를 양성하기 위한 해양아카데미 등을 세웠고 이어서 1724년에는 과학아카데미를 세웠다.

　러시아가 남쪽의 아조프 해와 북쪽의 발트 해로 통하는 항로를 얻기 위해 벌인 터키와 스페인과의 전쟁에서 해군 함대는 중요한 역할을 했다. 표트르처럼 해군 함대 건설의 중요성과 기술을 모두 알고 있는 황제가 아니었다면 이들

전쟁을 승리로 이끌기 어려웠을 것이다. 해군 함대와 그에 필요한 교육 기관, 조직적인 관리 기관을 한꺼번에 창설한 그의 공로로 인해 러시아는 강대국의 반열에 들어서게 되었다.

영국과 프랑스의 제해권 경쟁

영국과 네덜란드가 바다에서 한창 힘겨루기를 할 무렵 프랑스는 착실히 해군력을 키워 갔다. 프랑스는 루이 13세 당시 재상이었던 리슐리외cardinal et duc de Richelieu가 왕실 직속 해군을 건설해 툴롱에 지중해 함대, 브레스트에 대서양 함대를 설치했다. 그 후 루이 14세 시절 중상주의 정책을 펼쳤던 명재상 콜베르Jean Baptiste Colbert 역시 해군의 중요성을 인식해 함대 정비에 열중했다. 그 결과 프랑스는 전열함 117척으로 구성된 최강의 함대를 가지게 되었고, 바다에서 영국의 아성에 도전하기 시작했다.

체사픽 해전

체사픽 해전은 미국 독립전쟁 당시인 1781년 9월 5일,

미국의 체사픽 만 입구에서 영국 함대와 프랑스 함대 사이에 벌어진 해전이다. 영국은 이 해전에서 패배했는데, 이로 인해 영국 지상군에게 후속 지원이 이루어지지 않아 미국 독립군에게 요크타운을 내주고 항복하는 주원인이 되었다.

전쟁의 경과를 살펴보면 영국 해군의 실수가 되풀이된 해전이었다. 당시 영국 지상군은 남부에서 전투를 치른 후 뉴욕에 있는 부대와 합류하기 위해 북쪽으로 향하고 있었다. 미국 독립군과 프랑스군의 습격을 걱정한 영국군은 해로를 택하기로 하고 요크타운에 집결해 영국 함대를 기다렸다. 이에 미국 독립군은 카리브 해에 있던 프랑스 함대에게 즉시 체사픽 만으로 오도록 요청했다.

체사픽 만에 영국 함대가 먼저 도착했으나 프랑스 함선이 없는 것을 확인하고 나서 뉴욕에 있는 함대와 합류하기 위해 모든 함선을 이끌고 뉴욕으로 향했다. 영국 함대가 다시 체사픽 만에 돌아왔을 때에는 프랑스 함대가 이미 도착해 묘박(부두에 정박한 것이 아니라 항구 안에서 닻을 내린 상태)하고 있었는데, 지상군을 상륙시키느라 많은 수의 장교와 병력 그리고 보트가 바쁘게 움직이고 있었다. 만일 영국 함대가 그대로 공격을 퍼부었다면 프랑스 함대는 치명적인 손상을 입었을 것이다. 그러나 영국 함대는 전통적인 영국 해군 전술, 즉 양국 함대가 해상에서 일렬로 나란히 진행하며 서로 함포 교전을 하는 것을 기대했다.

영국 함대가 해상에서 전열을 형성할 수 있었던 것은 도착한 지 6시간이나 지난 시점이었다. 이때에는 프랑스 함대도 이미 출항해 나름대로 전열을 형성할 수 있었다. 대열 맨 뒤의 함선들이 제대로 따라붙지 못한 상태에서 선두함끼리는 교전이 시작되었다. 더구나 날씨의 영향으로 뒤쪽의 일부 함선은 교전이 끝날 때까지도 합류하지 못했기에, 영국 함대의 선두 그룹은 심한 손상을 입었다.

결국 체사픽 만은 프랑스의 손아귀에 들어가게 되었고 영국 지상군은 항복했으며, 미국 독립군은 요크타운을 점령했다. 이는 독립전쟁의 판도를 바꾸는 결정적인 전투였다.

이처럼 미국이 영국으로부터 독립하기까지에는 영국의 패권을 막으려는 프랑스의 노력이 뒷받침되었다. 나폴레옹은 미국을 지원해 영국을 약화시키기 위한 전략의 일환으로 미시시피 강 유역의 방대한 루이지애나 지역(오늘날의 루이지애나 주뿐만 아니라 미시시피 강 유역의 모든 주를 포함하는 넓은 영역이다)에 있던 프랑스 식민지를 미국에 판매하기도 했다.

1798년 5월 19일, 나폴레옹은 이집트 원정길에 올랐다. 400척의 대선단을 프랑스 지중해 함대가 호송했고, 원정군은 영국 함대의 봉쇄망을 무사히 빠져나가 몰타를 거쳐 7월 1일 알렉산드리아에 도착했다.

당시 영국은 최강의 해군력을 가졌을 뿐만 아니라 이를 공격적으로 운용해 프랑스와 스페인의 군함이 활동하지 못하도록 주요 군항을 봉쇄하는 전략을 펴고 있었다. 넬슨 Horatio Nelson 제독은 먼 거리에서 감시하는 수준으로 봉쇄했는데, 이는 프랑스 함대를 넓은 바다로 유인해 무찌르기 위한 방법이었다. 영국 함대는 프랑스 함대의 출항 사실을 보고받고 즉시 프랑스 함대를 찾아 나섰다. 그리고 지중해를 두 차례나 수색한 끝에 8월 1일 오후 나일 강 하구에 있는 프랑스 함대를 발견했다.

프랑스 지중해 함대는 많은 병력이 식수를 구하기 위해 육지로 올라갔기 때문에 함포를 절반도 사용할 수 없었다. 영국 함대는 일렬로 묘박해 있는 프랑스 함대를 양쪽에서 2척이 1척을 집중 공격하는 방식으로 차례차례 격파해 나갔다. 프랑스 함대 맨 뒤 함선들은 앞쪽의 아군을 지

△ 나일강 해전도

원하지도 못하고 전열함 2척과 프리깃함 1척만이 간신히 도주했다.

나일강 해전에서 영국은 전술직으로 일방적인 승리를 거두었을 뿐만 아니라 전략적·정치적으로도 매우 중요한 결과를 가져왔다. 이집트의 프랑스군은 고립되었으며, 1799년 10월 나폴레옹은 프리깃함 1척으로 가까스로 탈출했고, 나머지는 1801년 상륙한 영국군에게 항복하고 말았다. 바다는 영국의 손 안에 있었다. 이런 해양력을 바탕으로 영국은 나폴레옹의 프랑스혁명 정부에 대항해 이웃 나라들과 다시 정치적 동맹을 맺을 수 있었다.

≫ 나폴레옹 이야기

△ 나폴레옹

나폴레옹은 프랑스 왕립 육군 유년학교와 파리 사관학교에서 공부했는데, 처음에는 해군 사관이 되기를 원했으나 어머니의 반대로 포병이 되었다. 그는 극심한 가난 속에서도 공부에만 전념해 사관후보생 시험에 불과 11개월 만에 합격하고, 만 16세에 소위로 임관해 포병 연대에 배속되었다. 당시에는 진로가 가문에 의해 결정되었으므로 나폴레옹 같은 하급 귀족이 고급 장교가 되는 것은 거의 불가능했다. 그러나 1789년 프랑스혁명이 일어나자 모든 것이 바뀌었다. 귀족들로 구성된 고급 장교들이 처형당하거나 해외로 망명하자 혁명정부는 나폴레옹을 선택했다.

1793년 나폴레옹은 툴롱 탈환작전에서 크게 공을 세웠고 24세의 나이에 장군으로 진급했다. 1796년 그는 이탈리아 원정군 사령관으로 뽑혀 연전연승을 거듭해 전쟁 영웅으로 귀국했다. 하지만 1798년 감행한 이집트 원정에서 프랑스 해군이 영국의 넬슨 제독에게 궤멸당해 홀로 귀국할 수밖에 없었다. 1805년 트라팔가르 해전에서도 그의 영국 침공 계획은 다시 한 번 좌절되었다. 그 결과 프랑스는 바다를 봉쇄당해 물자 부족에 허덕여야 했고 결국 패배의 길을 걸을 수밖에 없었다.

트라팔가르 해전

유럽 대륙은 프랑스가, 바다는 영국이 지배하고 있던 1803년이었다. 영국을 중심으로 하는 제3동맹은 아미엥 조약(1802년 3월 25일, 영국과 프랑스 사이에 1793년부터 이어진 전쟁을 중단하고자 체결한 평화조약)을 깨뜨리고 프랑스에 선전포고를 했다. 그러자 나폴레옹은 영국 침공을 결심했다. 영국은 이에 대응해 프랑스와 그 동맹국인 스페인, 네덜란드의 주요 항구를 봉쇄해 프랑스 함대의 세력 집결과 효율적인 운용을 방해했다. 당시 영국은 숙련되고 우수한 해군을 보유하고 있었고 프랑스는 혁명 초기에 귀족으로 구성된 해군 장교들이 처형되거나 망명해 유능한 지휘관이 부족했다.

나폴레옹의 영국 공격에 필요한 해군의 역할은 함대를 최대한 상륙군이 대기하고 있는 프랑스 볼로뉴 외해에 모이게 하는 것이었다. 프랑스 지중해 함대와 브레스트 함대 그리고 스페인 함대를 합하면 총 58척의 전열함을 집결시킬 수 있었다. 나폴레옹은 지중해 연안 툴롱 항에 있는 프랑스 지중해 함대를 북쪽에 위치한 브레스트로 오도록 명령했다.

영국의 넬슨 제독이 프랑스 함대를 찾아 지중해를 수색하는 사이에 프랑스의 빌누브Pierre-Charles de Villeneuve는 지브롤터 해협을 빠져나가 스페인 함대와 합류했다. 빌누브는 계획대로 브레스트 항에 대한 봉쇄를 풀려고 했다. 그러나 피니스테르 곶 해전에서 칼더Robert Calder 중장이 이끄는 영국 함대가 스페인 함정 2척을 사로잡자 기존의 계획을 바꿔 스페인의 카디즈로 입항하고 말았다.

1805년 10월, 넬슨은 카디즈 항을 봉쇄하며 대기하던 중 함장들에게 전술을 설명하고, 진형을 만드는 순서와 공격 방법에 대해서 구체적으로 의견을 나누었다. 그리고 모든 함선을 노란색과 검은색 체크무늬로 칠해 혼전 속에서도 서로 잘 알아볼 수 있도록 했다.

1805년 10월 18일, 빌누브는 자신을 대신할 후임 지휘관이 오고 있다는 소식을 접했다. 카디즈에서 기다려야 함에도 불구하고 그는 교체당하는 망신을 염려해 후임자가 도착하기 전에 출항할 것을 명령했다. 그러나 그대로 머물러 있기를 원하던 함장들은 출항 시간을 일부러 늦추었다. 이런 사실은 영국 함대에 알려졌고 프랑스 함대는 넬슨 제독의 추격을 받게 되었다.

넬슨의 전력은 사실상 열세했다. 영국 함대는 31척, 프랑스와 스페인 연합함대는 38척을 보유했다. 그럼에도 불구하고 10월 21일 넬슨은 원래의 계획대로 2열 종렬진을 구성해 연합함대의 중앙을 돌파했다. 이런 함선의 움직임은 약한 바람으로 인해 매우 천천히 이루어져 한때 영국 함대의 선두함들은 적의 사격에 대응해 쏠 수 없는 위치에서 일방적인 집중 포격을 받기도 했다. 두 번째 함선은 마스트를 잃고 전투가 불가능했으며 넬슨이 타고 있던 기함 빅토리호는 방향을 조종하는 키가 부서졌다. 넬슨 역시 총탄에 맞았으며 전투 상황이 유리하게 전개되는 것을 확인한 후

△ 트라팔가르 해전도

△ 영국 해군의 대표적인 전열함 빅토리호. 함포 100문을 실은 1급 전열함으로, 넬슨 제독의 기함이었다.

사망하고 말았다.

전투에 가담하는 영국 함선이 늘어나면서 연합함대 뒤쪽에 공격이 집중되었으며, 해가 질 때까지 이어진 전투에서 연합함대 함선들은 고립되어 결국은 항복하게 되었다. 영국 함대는 전열함의 절반이 심한 손상을 입었으나 침몰은 없었으며, 연합함대는 함선 22척이 사로잡히고 나머지는 격침되거나 강풍에 좌초되고 일부만이 카디즈로 도주했다.

트라팔가르 해전 승리의 원동력은 영국 해군의 높은 사기와 공격 정신, 뛰어난 리더십을 갖춘 인재의 활용, 바다를 통한 원활한 군수품 지원 등이었다. 결국 나폴레옹은 영국 원정을 단념하게 되었다. 이로써 프랑스혁명의 여파가 영국에 미치지 못해 영국의 왕정은 지속되었다.

1806년 11월, 나폴레옹은 대륙 체제를 선언하고 유럽 대륙이 영국과 교역을 못 하게 함으로써 영국을 고립시키려고 했다. 하지만 영국과 유럽 대륙의 상호 교역 금지는 양쪽 모두에게 매우 고통스러운 것이었다. 결국 러시아가 이를 깨뜨리고 영국과 다시 교역했고, 이에 나폴레옹은 1812년 러시아로 대규모 원정을 감행했다가 오히려 패배하고 말았다. 이런 일련의 역사적 사실은 바닷길이 열린 국가는 그렇지 못한 국가에 비해 무역 전쟁에서 살아남을 가능성이 높으며, 무역 전쟁에서 해군력이 중요함을 다시 한 번 일깨워 준다.

≫ 넬슨 이야기

넬슨은 잉글랜드에서 목사의 아들로 태어났다. 그는 12세에 외삼촌이 함장으로 근무하는 군함의 사관후보생으로 승선해 19세에 대위, 21세에 함장으로 승진했다. 넬슨은 1797년 2월 세인트빈센트 해전에서 빠르고 대담한 행동으로 승리의 발단을 제공함으로써, 저비스 John Jervis 사령관의

△ 넬슨

신임을 얻어 지중해 함대 전대장으로 발탁되었다. 또한 1798년 8월 나일강 해전에서 프랑스 함대를 크게 무찔렀다. 그는 계속되는 프랑스와의 전쟁에서 용맹함과 능력을 인정받았지만, 전투에서 오른쪽 눈과 오른쪽 팔을 잃게 되었다.

그는 1801년 함대 부사령관으로 임명되어 코펜하겐 해전에서 승리했으며, 1803년에는 함대 사령관에 임명되어 프랑스의 지중해 함대를 봉쇄했다. 1805년 10월 트라팔가르 해전을 승리로 이끌고 47세에 전사했다.

반면 넬슨의 부적절한 조언으로 나폴리 왕국이 나폴레옹에게 점령당했으며, 그는 주나폴리 영국 대사의 부인과 사랑에 빠져 정계의 비난을 받고 본국으로 소환되기도 했다. 그럼에도 불구하고 넬슨은 해군으로서의 뛰어난 재능과 다정다감한 인간미로 인해 살아 있는 동안은 물론 죽은 후에도 영국의 국민적 영웅으로 추앙받고 있다.

3부 : 전환기

해전사의 전환기란 범선(목선)에서 철선으로의 전환기를 말한다. 프랑스의 한 포병 소령이 발명한 '폭발포'는 철선이 만들어지는 계기가 되었다. 철선 건조를 위해서는 강철을 만드는 방법과 증기기관의 발달이 필요했다. 아울러 함포도 개량되어 오늘날의 군함과 같은 형태가 되었다. 이제는 바람과 상관없이 원하는 장소에서 해전을 치를 수 있게 된 것이다. 이로써 범선 함대를 가지지 못했던 미국, 독일, 일본 등의 나라들이 과학 기술을 개발해 군함의 변화를 따라잡으며 신흥강국으로 부상했다.

증기선의 등장

탐험 항해의 결과 새로운 세계에 눈을 뜨게 된 유럽에
서는 과학혁명이 일어났다. 과학혁명은 1543년 코페르니
쿠스Nicolaus Copernicus가 지동설을 주장한 이후부터 1687년
뉴턴Isaac Newton이 역학적 업적을 집대성하기까지 학계의
변화를 말한다. 과학혁명으로 인한 사고방식이 실생활에
스며들자 뒤이어 산업혁명과 기술혁명이 발생하고 주요 발
명품들이 등장했다. 영국은 강력한 해군력, 방대한 식민지,
산업혁명을 통한 기술적 주도권을 바탕으로 전환기 군함의
발전을 이끌어 나감으로써 해양력에서 꾸준하게 우위를 차
지했다.

외륜함의 등장

1765년 영국의 와트 James Watt는 최초의 실용적인 증기 기관을 발명했고, 1807년 미국의 풀턴Robert Fulton은 최초의 상용 증기선인 '클레몬트'를 제작했다. 군함의 건조도 곧 뒤따랐는데, 1814년 풀턴이 최초의 증기군함 '데몰로고스'를 미국 해군을 위해 건조했다. 데몰로고스는 추진기로 물레방아형 수차를 사용했고, 수차를 선체 사이에 둔 준쌍동체함(쌍동체함은 선체가 두 개인 함선이다)이었으며, 속도는 5노트에 불과했다. 일반적으로 수차 추진함을 외륜함이라고 부르는데, 이는 기존의 범선과 같은 목재 선체에 범장(돛대)을 갖추고 증기기관과 연돌(굴뚝), 그리고 추진기로 수차를 장착한 것이다.

대표석인 미국 해군의 외륜함으로는 1841년 건조되어 페리 Matthew Calbraith Perry 제독의 기함으로 일본을 개항시키는 데 주역을 담당한 미시시피함을 들 수 있다.

△ 미국 함정 미시시피함

실용적인 스크루의 발명

역사적으로 스크루를 고안한 지는 오래되었으나 실용적인 스크루를 발명한 것은 스미스Francis Pettit Smith와 에릭슨John Ericsson 두 사람이었다. 영국의 스미스는 1836년 11월 1일 스크루함 '프란시스 스미스'를, 스웨덴 출신의 에릭슨은 1837년 4월 19일 스크루함 '프란시스 오그덴'을 만들어 템스 강에서 시험했다.

영국 해군은 1844년 말 최초의 스크루 군함 '래틀러'를 만들었다. 1845년 3월 30일, 래틀러와 외륜함 '알렉토'가 서로 선미에 줄을 묶고 줄다리기 시합을 벌였으며 그 결과 래틀러가 더 우세했다. 1845년 이후 만들어진 모든 함정이 스크루 추진기를 사용함으로써 드디어 스크루 추진기 시대가 열렸다.

1850년경에는 해군이 다시는 돛을 이용한 전투를 하지 않을 것이라는 생각이 보편화되었다. 이에 따라 영국과 프랑스는 경쟁적으로 증기군함을 건조했다. 외륜함은 범선에서 스크루형 군함으로 옮겨 가는 중간 단계의 역할을 했으며, 1815년부터 1865년까지 사용되었다. 1840~1860년 사이에 영국, 프랑스, 미국, 독일, 이탈리아 등 주요 해군국

△ 스크루함 래틀러와 외륜함 알렉토가 서로 줄로 묶고 줄다리기를 하는 장면

들은 외륜함과 스크루형 군함이 공존하는 복합 함대를 보유하고 있었다. 그러나 외륜함은 중앙에 수차가 위치해 함포를 설치할 공간과 함포의 발사 각도가 제한되며, 적의 포격에도 취약하기 때문에 쇠퇴하고 스크루형 군함이 우세한 자리를 잡았다.

폭발포의 등장

프랑스혁명 시대 포병 장교였던 페그잔Henri-Joseph Paixhans은 해군 전략가이자 발명가였다. 나폴레옹이 영국에 패배한 것을 몹시 가슴 아프게 생각했던 그는 소형함에 놀랄 만한 위력의 새로운 포를 싣고 대규모의 영국 함대를 무찌르는 꿈을 꿨다. 그는 1823년 '페그잔포' 또는 '파편포'라고 불리는 폭발포를 발명했다. 이는 전혀 새로운 발명은

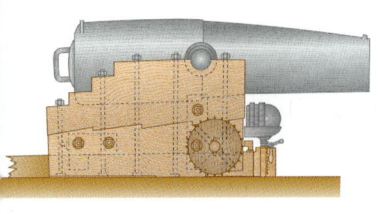
△ 페그잔이 발명한 폭발포

아니었으며, 당시 육지에서 사용하던 주철 폭탄을 함포에서 사용할 수 있도록 한 것이었다. 포탄을 쏘아 주는 장약과 포탄 안에 있는 화약이 각각 다른 시간에 폭발하도록 타이밍을 조절했다.

이는 최초로 포탄이 폭발하는 함포로, 개념은 비교적 간단했지만 그 효과는 엄청났다. 목재 범선은 화재에 가장 취약했기 때문에 포탄이 폭발과 함께 화재를 일으켜 목재 범선에게는 치명적이었다.

그의 발명품은 즉시 호응을 얻었고 1824년 프랑스 해군은 폭발포로 무장하게 되었다. 그러나 영국의 범선 함대를 무찌르겠다는 그의 꿈이 이루어지기도 전에 영국 해군도 1826년 폭발포를 도입했다. 영국은 당대 최고의 해군력을 유지하고자 새로이 등장하는 첨단 기술을 꾸준히 활용했으며, 여기에는 막강한 산업 능력이 뒷받침되었다.

폭발포의 위력은 1853년 크림전쟁(크리미아 전쟁)에서 명백하게 드러났다. 시노프 해전에서 폭발포로 무장한 러시아 함대가 오스만 터키 함대를 한 번에 격침시켰던 것이다. 러시아는 새로운 기술을 활용했고 오스만 터키는 그렇지 못했다. 시노프 해전 이후 영국과 프랑스는 폭발포에 대한 대응책을 마련하는 데 골몰했다. 그 결과 영국과 프랑스는 철판으로 선체를 감싸는 방법을 연구했다. 그러나 연철로 장갑을 만들어 씌웠을 때 추운 날에는 충격에 쉽게 깨져버리는 단점이 있기 때문에, 한때 철은 배를 만드는 재료가 될 수 없다는 생각을 가질 정도였다.

이런 고민을 해결해 준 것이 바로 제강법(강철을 만드는 방법)의 발명이었다. 1855년 때맞추어 베세머Henry Bessemer 가 제강법을 발명해 깅철을 내량 생산할 수 있게 되자 바야흐로 철선이 등장할 배경, 즉 필요성과 기술이 모두 갖추어졌다.

1848년 페그잔은 장군이 되었으며, 프랑스의 시인 위고Victor Marie Hugo는 "온 세상이여! 폭발포는 신이며 페그잔은 그의 전도자이다"라고 찬양했다. 이로부터 목선의 시대는 저물고 철선의 시대가 시작된 것이다.

세계 최초의 장갑함

세계 최초로 선체에 강철 장갑을 입혔으며 증기엔진과

△ 워리어는 톤수 9000톤, 길이 126미터, 폭 174미터, 속도 14~15노트, 함포 40문을 자랑하는 세계 최초의 장갑함이다.

스크루로 나아가는 현대적 군함은 바로 영국 해군의 '워리어'였다. 와트에 의해 설계된 워리어는 1860년 12월 26일 템스철강·조선소에서 진수(새로 만든 배를 처음으로 물에 띄우는 일)해 1861년 10월 24일 완성되었다. 이는 당대의 모든 새로운 기술을 집약한 것이었으며 사실상 세계 최강이었다. 프랑스의 유명한 함정 설계가 롬므Henri Dupuy de Lome가 이보다 일 년 앞서 철갑함을 제작했으나 워리어에는 미치지 못했다.

워리어는 1875년 4월 1일 퇴역해 예비함으로 분류되었다가 1883년 5월 31일 완전히 전선에서 물러났다. 이렇게 빠른 퇴진은 당시 함정 건조 기술이 얼마나 빠르게 발전했는지를 말해 준다. 1860년 워리어가 등장한 후 1906년 전함이 등장하기까지 거의 매년 새로운 군함 형태가 등장했다고 한다. 그 후 워리어는 박물관이 되어 오늘날 포츠머스 항에서 그 모습을 자랑하고 있다.

포탑과 포탑함의 발명

포탑이란 1~2문의 커다란 포를 장갑으로 둘러싸고 이를 한꺼번에 회전할 수 있도록 한 장치로, 이로 인해 함포의 사격 각도가 크게 확대되었다.

미국에 거주하던 에릭슨은 남북전쟁이 발발하자 북군에 건현(배에 짐을 가득 실었을 때 해수면에서 상갑판 위까지의 길이)이 낮은 소형 포탑함 제작을 제안해 1862년 3월 '모니터'를 만들었다. 모니터는 최초로 회전식 포탑을 설치한 함정이며, 그 모양 때문에 남군으로부터 '뗏목 위의 치즈통'이라는 별명으로 불렸다.

△ 모니터는 톤수 1000톤, 길이 52미터, 폭 12.6미터에 속도 8노트, 11인치 달그렌포 2문을 갖춘 철갑함이다. 모니터는 강 전투에서는 유용했지만 거친 파도가 이는 바다에서는 운용이 제한되었다.(출처 : 미 해군 역사 센터)

근대 군함의 탄생

1873년 4월 19일 취역한 영국의 '데버스테이션'은 돛대를 완전히 제거하고 중앙에 상부 구조물을 세웠으며, 그 양 끝에 포탑을 설치한 근대식 군함의 기본형이 되었다. 적은 수의 중포를 중앙에 설치할 때 포탑은 매우 적합한 것이며 무거운 포탄을 이동하는 데 사용되는 증기장치와 결합하기에도 편리했다. 영국 해군은 다시 한 번 세계 최강의 함정을 만들어 낸 것이다.

후장포의 발명

그동안 사용해 온 함포는 포의 입구로 포탄을 장전하는

△ 데버스테이션은 톤수 9200톤, 길이 86.87미터, 폭 18.97미터, 최대 속도 14노트, 탑승 인원 410명으로, 당대 세계 최강의 함정이었다.

'전장포'였다. 이에 반해 뒤로
부터 포탄을 장전하는 방식을
'후장포'라고 한다.

폭발포의 단점은 먼 거리에
서 정확도가 떨어지는 것인데,
포신에 강선을 만듦으로써 이

△ 영국 암스트롱사의 110파운드 후장포
(1862년 제작)

문제점을 해결했다. 강선은 포탄을 회전시켜 똑바로 직진
하는 성질을 높여 주었으며, 소구경 총탄에 사용되던 기술
을 함포에도 적용한 것이다. 포신에 강선을 만들자 포구로
포탄을 장전하는 것이 불편하게 되었다. 이런 문제는 1849
년 미국의 챔버스Benjamin Chambers가 구멍 뚫린 스크루형 장
전기를 개발함으로써 해결되었다. 이는 단지 포탄을 올려
놓고 스크루를 돌리면 장전 위치로 가는 것이었다.

1856년 영국의 암스트롱William George Armstrong은 강선포
에 다소 복잡한 장전기를 개발해 1860년 워리어에 실었다.
그러나 영국은 사격 시험에서 몇 차례 불발탄이 발생하자
그로부터 20년 동안 다시 전장포를 사용했다. 1881년 마
침내 영국 해군이 후장포로 교체함으로써 전장포 시대는
막을 내렸다.

≫ 대포왕 크루프 이야기

크루프 Alfred Krupp는 독일(당시 프러시아) 태생으로, 14세 때 아버지로부터 직공 6명에 도산 위기에 처한 기업을 물려받았다. 그러나 그는 영국의 철강 산업을 따라잡을 꿈을 꾸며 대포 제작에 참여해, 1851년 박람회에서 외국으로부터 인정을 받고 주문을 받는 데 성공했다. 그러나 정작 그의 조국은 영국제 대포를 계속 수입했다. 그러다가 1859년에 드디어 조국으로부터도 처음 주문을 받았고, 1861년에는 국왕이 공장을 방문하기도 했다.

△ 크루프

1862년 런던박람회에서 크루프가 후장포를 선보이자 영국이 관심을 보였다. 그의 대포는 러시아, 오스트리아 등 각국에 판매되어 독일 통일전쟁에서 모든 나라가 그의 대포를 사용했다. 그 후 크루프는 대포왕으로서 세계적인 명성을 얻게 되었다.

1893년에는 크루프 강화강판을 개발해 영국의 주요 철강 회사들도 크루프의 강철을 사용하게 되었다. 제1차 세계대전 당시 벌어진 유틀란트 해전에서 영국과 독일은 모두 크루프의 뇌관을 장착한 포탄을 사용했다.

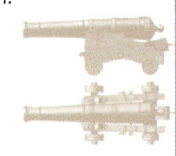

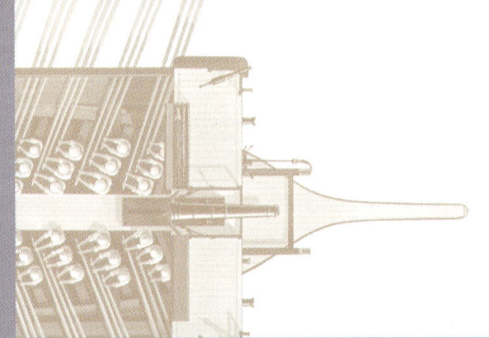

미국 남북전쟁 당시의 해전

미국 남북전쟁 당시 벌어진 소규모의 해전은 목선시대를 마감하고 철선시대의 시작을 알리는 의미가 있다. 당시 북군은 햄프톤로드에 대해 봉쇄를 실시했다. 남군은 이를 돌파하기 위해 철선을 만들어 북군의 목선을 일격에 격파하고 철선의 우수성을 입증했다. 그러나 북군도 철선을 보유하고 있었으므로 이는 곧 세계 최초의 철선 대 철선 해전으로 이어졌다.

1862년 3월 8일, 햄프톤로드 외해에서 남군은 링컨의 봉쇄를 돌파하고자 범선을 개조한 철선 버지니아를 앞세우고 북군의 목재 범선을 공격했다. 버지니아가 범선의 흘수선(배와 수면이 접하는 경계) 밑을 충돌 공격하자 범선은 곧 가라앉고 말았다. 이로써 철선이 목선에 대해 절대적으로 우세함이 증명되었다.

3월 8일 남군의 철선에 의해 목재 범선을 잃어버린 북군은 그날 밤 철선 모니터를 현장에 투입했다. 이튿날 아침 남군의 버지니아는 수리를 마친 후 좌초되어 있던 북군의 범선을 처리하기 위해 다시 현장으로 돌아오면서 모니터와 마주치게 되었다. 모니터는 더 작고 기동성이 앞섰으며 회

△ 1862년 3월 8일 남군 철선 버지니아에 의해 침몰하는 북군의 목재 범선 컴버랜드(출처: 미 해군 역사 센터)

△ 1862년 3월 9일 세계 최초로 철선 대 철선 간의 해전이 햄프톤로드 외해에서 북군의 모니터와 남군의 버지니아 사이에 일어났다.

전식 포탑을 가지고 있었다. 몇 시간 동안의 교전 끝에 결국 버지니아가 후퇴함으로써 두 함정 간의 교전은 무승부로 끝나고 말았다. 그러나 이 햄프톤로드 해전은 얼마 전까지만 해도 강력했던 전열함 함대가 이제는 조그만 철선 앞에 무력해짐으로써 전략적으로 무용지물이 되었음을 알려주었다.

미국 해군국으로

미국은 1776년 7월 독립을 선언하고 1782년 12월 영국 국왕으로부터 승인을 받았다. 신생국가인 미국은 1823년 아메리카 대륙에 대한 유럽 세력의 간섭을 막기 위해 상호 불간섭을 주요 내용으로 하는 '먼로주의'를 발표했다. 그리고 미국은 1830년대부터 서부 개척을 시작해 인디언과의 전쟁, 멕시코와의 전쟁, 1849년에 절정에 이른 캘리포니아로의 이주 등을 거치면서 영토를 확장했다. 이어서 1861~1865년 사이에는 남북전쟁을 치렀다. 독립한 지 100여 년 동안 미국은 이와 같은 내부 문제 해결에 몰두했던 것이다.

1890년 마한Alfred T. Mahan 대령이 미국 해군대학의 총장으로 있을 때 출판한 그의 책 『해양력이 역사에 미치는 영향, 1660~1783』은 국내외를 통해 널리 읽히게 되었다.

당시 마한의 영향은 대단했는데, 그는 미국 해안이 봉쇄당하는 것을 막기 위해 강력한 함대 건설을 촉구했다. 마한과 그의 동조자들은 대형 해군과 해군 기지를 건설해 하와이를 근거지로 해서 태평양 방면으로 팽창하고 파나마 운하를 건설하자고 주장했으며, 이 주장은 당시 해군성 장관으로 있던 트레이시Benjamin F. Tracy에 의해 해군 정책에 반영되었다. 1890년 1월 트레이시는 미국이 즉각 200척 이상의 군함 건조를 추진해야 한다고 제안했고, 의회는 1만 톤급 전함 3척의 건조를 승인했다.

1898년 미서전쟁이 일어났을 때 미국은 이미 해군력에 상당한 자신감을 가질 수 있었다. 특히 당시 해군성 차관이었던 루스벨트Theodore Roosevelt는 마한의 해양력 이론을 신봉해 대형 해군 건설과 필리핀 점령을 계획했다. 1901년 대통령이 된 루스벨트는 매년 여러 척의 군함을 만들게 했다. 미국은 이렇게 해군력을 바탕으로 1904년 러일전쟁을 중재하는 등 세계무대에 등장했고, 1908년에는 드디어 대백색함대를 건설해 세계 일주를 했다. 바야흐로 미국이 해양강국으로 부상한 것이다.

≫ 마한 이야기

마한 제독은 전략을 강의한 선구자 중 한 명이었다. 그는 1859년 해군사관학교를 졸업한 후 25년 동안 함상 근무를 하며 남북전쟁 당시 북군에 근무했다. 그는 해군대학의 해군사 교수로 부임을 준비하며 해군 역사에 관한 모든 자료를 찾아 읽었다. 마

△ 마한

한은 한니발이 험난한 알프스를 넘지 않고 바다로 로마에 도착했다면 어떤 변화가 있었을끼 하는 샌가을 했다 그리고 제해권이 제국의 흥망에 있어 결정적인 요소임에 비해 체계적으로 연구되지 않았다는 것을 깨달았다.

1886년 해군대학 총장에 취임한 마한은 어려운 여건 속에서도 『해양력이 역사에 미치는 영향, 1660~1783』을 저술했는데, 몇 군데 출판사를 전전한 후에야 1890년 겨우 출판되었다. 1896년 대령으로 예편했으나 이후 해군, 정부, 의회 등의 여러 위원회 위원을 맡았고 많은 책을 집필했다. 1906년에는 예비역임에도 특별히 소장으로 진급했다.

1914년 12월 1일 마한이 워싱턴에서 생을 마감할 때, 그는 자신의 사상을 열렬히 지지하는 루스벨트 대통령을 통해 대백색함대가 건조되어 미국이 세계무대에 해양강국으로 부상한 모습을 볼 수 있었다.

≫ 루스벨트 이야기

루스벨트는 뉴욕의 부유한 가정에서 태어났으며 어린 시절 천식으로 고생하는 병약한 아이였다. 그는 1881년 뉴욕 시의회 의원이 되었고, 뉴욕 경찰청장 등 공직에 있으면서 "강철 같은 의지를 지녔으며 타협하지 않는 정직한 사람으로 부지런히 일했다"라는 평을 받았다. 그는 항상 해군 역사

△ 루스벨트

에 관심이 많았고, 1897년 해군성 차관에 임명되어 해군력을 정비했다.

루스벨트는 1898년 미서전쟁에서 공을 세움으로써 전쟁 영웅으로 돌아와 뉴욕 시장에 선출되었고, 부패와 파벌 정치를 청산하고자 모든 힘을 쏟았다. 1901년 제25대 대통령인 매킨리William McKinley가 암살당하자 부통령이던 루스벨트는 42세에 대통령이 되었다. 그는 러일전쟁을 중재한 공로로 노벨평화상을 수상하기도 했다.

루스벨트는 대외 정책에 있어서도 파나마 운하를 건설해 뉴욕과 샌프란시스코 간의 거리를 1만 3000킬로미터나 단축하는 등의 업적을 남겼다. 그는 마한 제독의 영향을 크게 받아 재임하는 동안 매년 여러 척의 전함을 건조했다. 그 결과 1907년 12월 16일부터 1909년 2월 22일까지 흰색으로 칠한 4개의 미국 전함 전대, 대백색함대가 세계 일주를 했다.

일본 해군국으로

일본 해군은 1844년 예전 막부의 함선 4척으로 출발해, 제후들에게 함선을 바치게 하여 점차 군비를 갖추었다. 그러다가 1874년 대만 원정과 러시아, 청과의 관계 악화로 군비 증강이 필요해지자 1875년 영국에 군함 3척을 주문했다. 1886년부터 일본 정부는 '건함공채'를 발행했는데 많은 국민들이 여기에 응모했다. 이 공채로 일본은 1889년 4200톤급 순양함 2척을 프랑스에 주문하고 1척을 국내에서 건조했다. 또한 3700톤급 1척을 국내에서 만들었다.

1891년 전함을 갖춘 청 함대가 일본을 친선 방문했다. 이것은 사실상 일본에 대한 무력시위였는데, 여기에 충격을 받은 일본은 강력한 함정을 가져야 한다는 국민적 공감대가 형성되었다. 당시 일본은 신형 군함이 더 필요했지만 자금이 부족했다. 여러 차례 해군 확장 계획이 의회에서 부결되거나 삭감되자 천황은 황실 비용의 일부를 내놓았고, 의회 의원을 포함한 공무원 봉급의 10퍼센트를 바치도록 했다. 국민들도 '건함 기부금' 모금에 많이 참여했다. 이렇게 일본은 약 20년에 걸쳐 신형 전투 함대를 건설해 해양력의 기틀을 마련하면서 해양강국으로 발돋움할 준비를 마쳤다.

청일전쟁 당시의 해전

1894년에 발생한 청일전쟁은 조선의 지배권을 둘러싼 청과 일본 사이의 전쟁이었다. 당시 청 해군은 서양식으로 조직된 북양, 남양, 복건, 광동의 4개 수사(함대)를 두었다. 그중에서도 북양 함대는 1881년 독일에서 건조한 7000톤급 전함 2척(정원定遠, 진원鎭遠)과 경원經遠, 치원致遠 등 10척의 순양함을 가진 정예 함대였다.

청일 양국이 한반도에서 전쟁을 치르기 위해서는 병력과 물자를 서울에서 가까운 곳으로 빠르게 옮길 수 있어야 했다. 청은 조선과 국경을 맞대고 있어 육로 수송이 가능했지만 해상 수송에 비해 시간이 오래 걸려 결국 해군력이 전쟁의 승패를 결정짓는 요인이 되었다.

1894년 6월 9일, 청은 병력 3000명을 아산에 상륙시켜 성환에 진지를 만들고 평양에서 남하하는 청군과 함께 일본군을 협공하고자 했다. 그러나 12일 일본 여단이 인천에 상륙해 서울에 먼저 진입한 다음 성환의 청군을 공격했다. 청의 지원군 1000여 명이 아산만으로 이동하던 도중 풍도 해전에서 바다에 빠져 목숨을 잃었으며, 결국 전투는 일본군의 승리로 돌아갔다.

압록강 해전

1894년 9월 17일, 청 함대는 청군을 압록강 부근에 상륙시킨 수송 선단을 호송하고 뤼순 항으로 돌아오던 중 일본 함대를 만났다. 청 함대는 북양 함대 소속으로 전함 2척이 12인치 함포 총 8문을 가졌으므로 6인치 속사포를 가진 일본 함대에 비해 화력이 우세했으며, 반면 일본은 발사 속도에서 앞섰다.

일본 함대는 앞쪽에 순양함 4척을 두고 일렬로 길게 접근했고, 청 함대는 쐐기진을 형성해 전함을 중앙에 두고 좌우에 4척씩 배치했다. 치열한 포격전이 전개되는 가운데 기동성에서 앞서는 일본 함대가 청 함대를 포위해 버렸다. 해가 질 때까지 계속된 전투에서 청 함대는 4척의 순양함이 침몰되고 1척은 좌초되었으며, 전함 2척을 포함한 함선 7척이 뤼순 항으로 돌아왔다. 반면 일본 함대는 3척만이 수리를 해야 할 정도의 비교적 적은 손상을 입었다. 이로써 일본은 제해권을 확보하고 랴오둥 반도에 병력을 상륙시켜 뤼순 방면으로 진격할 수 있었다.

압록강 해전에서 패배한 청 함대는 거의 활동하지 못하다가 1894년 10월 웨이하이 항으로 위치를 옮겼다. 일본은 청의 북양 함대가 앞으로의 전쟁 상황에 영향을 미칠 것으로 판단하고 웨이하이 항을 바다와 육지 양쪽에서 협공하기로 했다. 1895년 1월 일본 해병대가 웨이하이 부근 해안에 상륙했고 이어 육군이 상륙했다. 2월 초 웨이하이 시가지 외곽의 포대는 모두 일본군에게 점령되었으나 항 안쪽의 함정은 함포로 강력하게 저항했다.

2월 5일 밤과 6일 새벽 두 차례에 걸쳐 일본 함대는 어뢰정 15척을 웨이하이 항으로 몰래 들어가게 하여 세계 최초로 야간 어뢰전을 펼쳤다. 그 결과 청의 기함은 항해할 수 없게 되었고 함선 3척이 침몰되었다. 결국 북양 함대는 항복하고 말았다. 이로써 일본은 제해권을 완전히 장악했고, 지상군도 3월 9일 랴오둥에서 이김으로써 전쟁은 일본의 승리로 끝났다. 이어 4월 17일 강화조약인 시모노세키 조약이 체결되었다.

일본은 대규모 범선 함대를 운용한 경력은 없었다. 그러나 철선이 등장하는 시기에 빨리 기술을 배우고 함선 건조에 국가의 모든 힘을 기울임으로써 열강 대열에 들 수 있었다.

미서전쟁

미국과 스페인 사이의 전쟁인 미서전쟁은 그 발단이 비교적 단순했다. 당시 스페인령 쿠바에서 탄압이 심해지고 폭동이 빈번하게 발생하는 가운데 미국에서는 쿠바 독립의 필요성이 제기되었다. 이런 상황에서 1898년 2월 15일 쿠바 아바나 항에서 미국 전함이 폭발하는 사건이 일어났다. 그 원인은 불분명했지만 미국은 이를 스페인의 테러로 보고 4월 21일 스페인에 선전포고를 했다.

미서전쟁은 각국의 영토 밖 식민지에서 벌어졌으므로 해전으로 결판이 났다. 1898년 5월 1일, 필리핀 마닐라 만에서 벌어진 마닐라 해전과 7월 3일 쿠바의 산티아고 항 외해에서 벌어진 산티아고 해전은 모두 미국의 승리였다.

8월 12일 휴전 협정이 체결되어 쿠바가 독립했고 미국은 푸에르토리코, 괌, 필리핀을 얻었다. 미국은 이 전쟁에서 승리함으로써 카리브 해 연안에서의 입지가 크게 강화

△ 마닐라 해전도(출처: 미 해군 역사 센터)

되었고 태평양의 주도적인 국가로서 새로이 출발하게 되었다.

해군력은 이제 미국에게 있어서 필수적인 것이 되었다. 한편 미국은 일본에서 가까운 필리핀을 방어하기 위해 서태평양에 우세한 함대를 유지해야 한다고 생각했다.

독일의 해군력 개발

앞서 소개한 마한의 책은 독일의 황제에게도 영향을 미쳤으며, 빌헬름 2세^{Wilhelm Ⅱ}의 강력한 지시로 독일 해군 장교들의 필독서가 되었다. 해군성 장관 티르피츠^{Alfred von} Tirpitz 제독은 이를 '해군성경'이라고 했다. 독일 지도부에 스며든 마한의 '해양력 사상' 덕분에 1898년에는 6년 동안의 군함 건조 계획이 승인되고 2개의 함대가 탄생했다. 불과 2년 후인 1900년에는 해군이 4개 함대와 해외 순양 함대를 의회에 요구함으로써 세계 해양강국으로 부상하고자 했다. 이런 계획은 광범위한 의회의 지지를 받았으며 독일 국민에게 적극적으로 널리 알려졌다.

1906년 영국이 '드레드노트'를 진수하자 독일은 낡은 함선을 대체할 드레드노트급 전함 건조와 3척의 전함 및 6척의 순양함을 추가로 건조하는 데 동의했나. 또한 1908년부터 1912년까지 매년 4척의 드레드노트급 전함을 건조하자는 운동이 시작되었다. 그 결과 1908년과 1913년 사이에 14척의 전함과 순양함 6척을 진수했다. 이어서 독일은 제5함대 건설을 추가로 승인했으며, 제1차 세계대전이 일어나기 일 년 전에는 독일 군사 예산의 60퍼센트를 해군에 투자했다. 결과적으로 영국과 독일의 전함 비율은 8 대 5로 독일이 기대하던 3 대 2에 가까운 목표를 이루자, 영국은 위협을 느끼게 되었다.

러일전쟁 당시의 해전

1904년 러일전쟁이 일어나기 전에 러시아의 태평양 함대 사령관은 일본의 해군력을 얕잡아 보았다. 그는 태평양 함대가 존재하는 한 일본은 지상군을 한반도나 랴오둥 지역에 상륙시킬 수 없을 것이라고 황실에 보고했다. 이에 러시아는 태평양 함대를 둘로 나누어 주력 함대는 뤼순 항을 요새로 삼아 지키고, 나머지는 블라디보스토크에 기지를 두어 일본의 해상 교통로를 막아 일본 연안을 위협하는 전략을 세웠다. 이렇게 함으로써 만주에 진출한 일본군을 고립시켜 러시아군이 모일 시간을 벌 수 있으리라고 기대했다.

그러나 2개의 함대로 분산하는 전략은 함대를 방어적으로 운용하는 개념으로, 해전에서는 불리한 선택이다. 함대를 집중해 바다에서 적 함대를 찾아 결전을 치르고 적을 무력화시킨 후에야 바다에서의 자유를 누릴 수 있기 때문이다.

반면 일본 함대는 1904년 2월 4일 어전회의에서 충분한 해군력을 확보한 후 바다에서 러시아 함대를 찾아 결전을 치르겠다는 공격적인 작전을 확정하고, 다음 날 사세보를 출항했다.

황해 해전

1904년 2월 8일 저녁, 일본 함대 주력 부대는 뤼순 앞 바다에 도착했다. 이와 같이 급박한 상황 속에서도 러시아 의 태평양 함대는 선원을 외출 보내고 무도회를 여는 등 느 슨한 대비를 하고 있었다. 일본의 구축함 전대는 그날 야간 에 정박한 러시아 함대를 공격해 3척에 손상을 입혔다. 이 튿날 일본의 주력 함대가 함포 공격을 퍼붓자 러시아 함대 는 뤼순 항 안으로 들어가고, 육지에 있는 포대로 반격함으 로써 일본 함대를 일단 물러나게 했다. 이에 일본은 틀어박 혀 있는 뤼순 함대를 출항시키기 위해 랴오둥 반도에 지상 군을 상륙시켜 육지로부터 뤼순 항을 압박했다.

바다와 육지 양쪽에서 있을 일본의 협공에 위협을 느낀 러시아 황제는 뤼순 함대를 블라디보스토크로 이동하도록 지시했다. 이에 따라 8월 10일 뤼순 함대가 출항해 일본 함대와 벌인 해전이 바로 황해 해전이다.

그 결과는 러시아 함대의 대패로, 러시아 함대의 남은 세력도 하나하나 격파되었으며 뤼순 요새는 1905년 1월 1 일 함락되고 말았다.

쓰시마 해전(대마도 해전)

상황이 이렇게 진행되자 러시아 황제는 크게 화를 내며 발트 함대를 극동 지역으로 보내도록 지시했다. 1904년 10월 15일, 드디어 전함 7척을 중심으로 총 30척에 달하는 발트 함대가 출항해 2만 9000여 킬로미터의 대장정을 항해한 끝에 이듬해 5월 동중국해에 들어섰다.

5월 27일 새벽, 대마도 동남쪽 해상에서 일본 정찰선이 발트 함대를 발견했다. 양측 함대를 비교하자면 대구경포는 발트 함대가 43 대 17의 비율로 압도적으로 우세했으며, 중구경포는 일본 함대가 앞섰다. 더구나 일본의 함정은 보다 신형이었으며 함포도 현대화되어 있었다.

일본 함대가 집요하게 추적한 끝에 오후 2시가 되어서 전투가 시작되었다. 그리고 30분이 지나자 발트 함대는 여러 척이 손상을 입었다. 일본의 포가 더 정확했고, 갑판에 석탄을 실은 러시아 함정은 쉽게 불이 붙었다. 오후 3시에 발트 함대의 기함은 전투 불능이 되었고, 사령관은 중상을 입고 구축함으로 이송되었다. 발트 함대의 신형 전함 5척 중 4척이 격침되었고, 어둠이 내리자 전투는 일단락되었다. 이튿날 오전에 울릉도 동남쪽에서 다시 발트 함대를 찾

아낸 일본 함대가 공격을 가하자
발트 함대는 항복하고 말았다.

△ 러일전쟁 당시의 일본 기함이었던
미카사호

이 해전에서 발트 함대를 잃은
러시아는 극동 지역에서 전쟁을 계
속할 의지가 꺾였다. 내부 혼란도
겹쳐 결국 미국의 중재를 받아들여
포츠머스 조약을 체결하고 강화했다.

러시아의 패전은 볼셰비키 혁명의 간접적인 원인이 되
기도 했다. 이로써 일 년 내내 얼지 않는 부동항을 찾던 러
시아의 남진 정책은 결국 좌절되고, 일본은 강력한 해군국
이 되었다.

새로운 생각, 새로운 함형

17세기에 일어난 과학혁명과 18세기의 산업혁명 결과
수많은 새로운 기술이 개발되었다. 해전에도 새로운 무기
가 등장했고 이런 새로운 무기를 사용하는 데 적합한 새로
운 함선이 개발되었다.

기뢰와 기뢰전함의 등장

바다 위나 바다 속에 폭탄을 설치해 두었다가 적 함정을 폭파하려는 생각은 현대적인 기뢰의 발명으로 이어졌다. 19세기 초에서 중반에 이르기까지 풀턴, 콜트^{Samuel Colt} 등에 의해 기뢰가 개발되었다. 이는 크림전쟁, 남북전쟁, 러일전쟁 등에서 유용하게 사용되었으며 제1차 세계대전에서는 전략적인 가치가 인정되었다. 이에 따라 기뢰를 설치하는 기뢰부설함과 이를 제거하는 소해함 등 기뢰전함이 등장했다. 또한 기뢰에 대응하는 소해장치(기뢰를 제거하는 장치) 역시 경쟁적으로 발전했다.

기뢰는 오늘날 상대적으로 저렴한 비용으로 커다란 전략적 이득을 꾀할 수 있는 효율적인 무기로 알려진다. 기뢰를 제작하고 설치하는 것은 쉽지만 바다에 설치된 기뢰를 제거하는 데에는 많은 노력과 시간이 필요하기 때문이다. 특히 강력한 해군력을 가지지 못한 연안 국가들 사이에 방어용 무기로 주목을 받는다.

어뢰와 어뢰정의 등장

어뢰는 움직이는 기뢰로 볼 수 있다. 영국의 화이트헤

드Robert Whitehead가 1866년 오스트리아에서 스스로 항해하는 어뢰를 발명한 이후 다양한 어뢰가 개발되었다.

19세기 후반에 내연기관이 발명되고 20세기로 접어들면서, 어뢰는 물속에서 30노트 이상의 속도로 장거리를 항진하는 무기로 발전했다. 이렇게 개발된 어뢰는 러일전쟁에서 비로소 그 가치를 인정받았다. 1873년에는 어뢰를 주무기로 하는 어뢰정이 최초로 등장했다. 어뢰를 함정에 설치한 것은 1876년 소니크로프트사에서 진수한 27톤급 영국 해군 어뢰정 라이트닝(속도 19노트)이 최초였다. 1890년에 7개 주요 해군국이 가지고 있던 어뢰정은 총 800척이었으며, 1896년 말에는 총 1200척에 달했다.

구축함의 등장

이제 각국은 어뢰정에 대항하기 위한 방법을 고심하게 되었는데, 영국은 '도둑은 도둑으로 잡는다' 라는 생각에 1893년 어뢰정보다 더 크고 더 빠른 어뢰함을 만들었다. 이 함정은 어뢰정구축함으로 부르다가 이후 구축함으로 줄여 부르게 되었다. 이는 점차 대형화되어 오늘날의 구축함과 같은 형태를 갖추었고, 이후 해전에서 중요한 활약을 했다.

구축함의 등장에 따라 어뢰정은 더 이상 건조되지 않았다.

어뢰정에 대항하기 위한 또 다른 방법은 속사포의 개발이었다. 청일전쟁과 러일전쟁 중에 얻은 교훈 중 하나는 속사포의 위력이었으며, 이는 고속 어뢰정에 대한 대항책으로 인식되어 4인치 또는 6인치 속사포가 기관총의 원리를 활용해 개발되었다.

근대 전함의 등장

러일전쟁이 끝나고 영국 해군은 커다란 포의 중요성을 크게 깨달았다. 그 결과 1906년 모든 포가 대구경포이며 현대 전함의 효시인 드레드노트를 건조했다. 드레드노트는 속도와 화력 면에서 그동안의 모든 전함을 구식으로 만들어 버린 세계 최강의 전함이었다. 이로 인해 각국은 더 큰 포를 싣고 더 두꺼운 장갑을 입히며 더 빠르게 항해하려는 경쟁이 일었으니, 이른바 '거함거포주의'가 널리 퍼졌다.

△ 드레드노트함(출처: 미 해군 역사 센터)

4부 : 현대와 미래의 해전

현대에는 과학 기술의 발달로 군함의 종류와 군함에서 사용하는 무기의 종류가 다양해졌다. 잠수함과 항공기의 발명에 따른 항공모함, 그리고 상륙전 함정의 등장은 가장 커다란 변화였다. 이어 레이더와 같은 전자 장비와 미사일이 개발되어 각각 눈과 함포를 대신하게 되었다. 해전 방식의 가장 큰 특징은 이제 적 함정을 눈으로 보지 않고 공격하거나 방어한다는 것이다. 현대 군함은 오랜 기간 동안 독립적인 작전을 수행할 수 있기 때문에 평소에는 국가와 그 국력을 가늠하는 척도이다.

인류의 꿈이 이루어지다

물속을 항해하는 것과 하늘을 나는 것은 인류의 오랜 꿈이었다. 19세기 말에서 20세기 초에 걸친 각종 과학 기술의 발달은 이런 꿈을 이루어 주었다. 해상에서 실제로 전투가 가능한 잠수함과 항공기가 개발되었으며, 항공기를 전투 수단으로 사용하는 함정인 항공모함이 개발되었다.

물속을 항해하는 잠수함의 등장

1653년 프랑스의 드 송De Son이 최초의 반잠수선을 설계했고, 1801년 나폴레옹은 풀턴에게 잠수함 '노틸러스'를 건조하도록 했다. 프랑스는 최초로 해군 잠수함을 채택해 1888년 전기 추진식 '짐노트'를 건조했다. 물론 미국, 영국, 독일, 스웨덴 등도 경쟁적으로 잠수함 개발에 뛰어들었다.

실제로 바다에서의 작전이 가능한 잠수함은 1897년 제작해 1900년 해군에 의해 채택된 미국의 '홀랜드'였다. 미국과 영국을 비롯한 각국은 홀랜드를 기본형으로 삼고 서로 비밀리에 잠수함을 개발했다.

독일의 경우 1905년만 해도 잠수함은 실질적인 군사적 가치가 없다고 판단했다. 그러나 프랑스, 영국, 미국의 잠수함 개발을 지켜보던 독일은 제1차 세계대전 중인 1915년 2월 통상파괴전을 하기로 결정하고 1918년까지 350척의 잠수함을 건조했다. 이것이 바로 유명한 '유보트$^{U-boat}$'이며, 이로써 전쟁 중 잠수함의 위력이 입증되었다. 잠수함은 프랑스, 영국, 미국에서 오랜 실험을 거치며 개발되었지만, 전쟁에서 이를 활용해 새로운 전략과 전술을 만들어 사용한 것은 독일이었다.

항공기와 항공모함의 등장

1903년 12월 17일, 라이트 형제가 비행에 성공하자 이

사업의 장래성을 보고 많은 사람들이 투자함으로써 항공기는 급속히 발달하기 시작했다. 항공기에 대한 연구 개발은 제1차 세계대전이 일어나면서 급속도로 발전했다. 1916년부터 1917년 사이에 프랑스는 스패드 S.VII, 독일은 포커 E.I, 영국은 비커스 비미를 개발했다. 이들은 제1차 세계대전 당시의 주력 기종이었다. 이와 같이 새로 개발된 항공기는 전쟁으로 인해 그 성능이 빠르게 개량되었다. 그러나 제1차 세계대전 당시 항공기는 주로 정찰용으로 이용되었고, 항공기용 무기 체계도 개발이 미흡해 전쟁 상황을 결정하는 데 큰 역할을 하지는 못했다. 항공 세력이 전쟁 상황에 결정적인 영향을 미친 것은 제2차 세계대전부터였다.

항공기를 함정에 실으려는 노력 역시 이루어졌다. 일찍이 1909년 프랑스의 아데르Clement Ader는 『군용항공 L' Aviation Militaire』이라는 책에서 비행갑판, 승강기, 격납고, 항공기 날개를 접는 것까지 현대의 항공모함을 예언하듯이 상세히 기술했다.

영국은 1912년 5월 항공대를 만들었고, 1914년에는 항공대 안에 해군 항공대를 창설했다. 구형 순양함에서 이륙과 착륙 시험을 거친 후에 1914년 12월 상선을 개조해 최초의 항공모함을 진수했다. 제1차 세계대전이 끝날 무렵인 1918년 9월에는 미완성 여객선을 개조해 최초의 평갑판 항공모함을 만들었다. 1920년 미국 해군은 해군대학에서 전쟁 연습을 통해 항공모함이 매우 쓸모 있다는 결론을 얻었다. 그 결과 1922년 석탄 운반선을 개조해 평갑판 항공모함을 만들었다. 일본도 1924년 소형 평갑판 항공모함을 진수했다.

항공모함의 쓰임새가 널리 알려졌음에도 불구하고 1920년대 각국의 해군력 증강을 제한하자는 워싱턴 해군협약이 체결되어 실제로 건조된 항공모함은 극소수였다. 그러나 1930년대 중반 런던 해군회의가 실패로 끝나자 각국은 드디어 대형 항공모함 건조를 추진했다.

제1차 세계대전 당시의 해전

제1차 세계대전은 과학 기술의 발달로 새롭게 등장한 잠수함과 항공기의 실험 무대로서, 본격적인 전투 병기를 개발하는 계기를 제공했다. 지상에서는 양쪽이 전선을 형성하고 서로 밀고 밀리며 지루한 소모전을 벌이다가 결국

이를 해결하기 위해 탱크가 등장하는 계기가 되었다. 영국의 처칠은 '지상 전함'을 건조하라고 해군에 명령을 내려 초기 탱크를 제작하게 되었다.

당시 독일은 영국에 비해 함대 세력이 열세였으므로 정면충돌을 피하고 함대를 보존하고자 하는 전략을 택했다. 반면 영국은 소수 함정 간의 교전보다는 양국 함대 전체가 한꺼번에 교전하는 이른바 결전을 하고자 했다. 이는 일반적으로 전력이 우세한 함대가 택하는 전략이다.

유틀란트 해전

제1차 세계대전 전반에 걸쳐 영국 함대와 독일 함대가 정면으로 충돌한 가장 큰 규모의 해전이 바로 유틀란트 해전이었다. 이 해전은 1916년 5월 31일 오후부터 다음 날 새벽까지 이어졌으며, 영국의 드레드노트급 전함 28척을 비롯한 150척의 군함과 독일의 드레드노트급 전함 16척을 포함한 99척의 군함이 참가한 대규모 해전이었다.

5월 31일 독일 함대는 노르웨이 기습을 위해 출항했으나, 영국은 독일의 암호를 해독해 출항하는 것을 눈치 채고 하루 전날 저녁에 넓은 바다에서 기다리고 있었다. 두 함대는 모두 정찰 함대를 운영했으며 그 뒤를 본대가 따랐다. 상대의 위치를 알지 못하는 상태에서 양국 함대는 서로 마주치는 방향으로 항해했다. 정찰 함대끼리 눈으로 적군의 위치가 확인되자, 독일 정찰 함대는 영국의 정찰 함대를 본대 쪽으로 유인하기 위해 즉시 방향을 바꿨다. 오후 3시 55분 정찰 함대 간의 사격으로 해전이 시작되었다. 교전이 시작된 지 얼마 후 영국 정찰 함대의 순양함 2척이 침몰했다. 그때 영국 정찰 함대는 독일의 본대를 발견했고 즉시 방향을 돌려 북상했다. 이렇게 양쪽 함대의 본대가 오후 6시경 서로 마주쳤다.

독일 함대는 전투를 피하고 입항하려 했고, 영국 함대

△ 영국 대함대의 기함이었던 아이언듀크

는 결전을 하고자 했다. 그 결과 양국 함대는 짧은 시간 교전하다가 피하고 다시 만나서 교전하기를 반복했다. 다음 날인 6월 1일 새벽 독일 대양 함대가 영국 대함대의 저지를 돌파하고 입항함으로써 해전이 끝났다.

영국은 14척의 함정이 침몰하고 7000여 명의 인명 피해를 입었다. 반면 독일은 11척의 함정이 침몰하고 3000여 명의 인명 피해를 입었다. 전술적으로 독일의 승리로 보였고, 영국은 독일 함대를 격멸할 수 있는 기회를 놓쳐서 실망했다. 독일 함대는 승리한 기분으로 돌아갔지만 그 후 영국 함대와의 격돌을 피하고 잠수함 작전에 몰두했다. 해양력의 운용이라는 전략적인 측면에서는 결국 영국의 승리였던 것이다.

유틀란트 해전은 세계 해전사에 있어 대규모 전함 함대끼리 교전을 한 유일한 해전이었다.

해군연구소의 등장

제1차 세계대전은 새로운 무기 체계의 실험장이었다. 유럽에서 제1차 세계대전이 한창이던 당시 미국 해군은 독일 유보트에 대응하기 위해 발명왕 에디슨Thomas Alva Edison

에게 도움을 청했다. 1916년 에디슨을 위원장으로 하는 해군자문위원회를 구성하고 국민들에게 발명을 제안하도록 홍보했다. 그러자 총 11만 건의 발명 제안이 접수되어 그중 110건이 생산 단계에까지 이르렀다고 한다.

에디슨은 또한 해군이 필요로 하는 무기 체계를 연구하는 해군연구소 설립을 제안했는데, 이 목표는 전쟁이 끝난 후 1923년에 이루어졌다. 이 연구소는 소나^{SONAR}(음파탐지기), 레이더의 발명 등 이후 제2차 세계대전을 승리로 이끈 중요한 업적을 이룩했고 오늘날까지도 해양·항공우주 분야 등 첨단 분야 연구를 주도하고 있다.

제2차 세계대전 당시의 해전

제2차 세계대전 때에는 잠수함, 항공모함, 항공기, 탱크 등 새로운 무기가 그 사용 전술까지 개발되어 본격적으로 활용되었다. 이런 새로운 무기는 전쟁 영역을 넓혀, 태평양과 대서양 전역에 걸쳐 광범위하게 전쟁이 이루어졌다. 또한 새로운 함대 형태와 무기 체계의 등장으로 대규모 전쟁을 수행하기 위해 더 많은 경제력이 필요했다. 그 결과 영국은 두 차례에 걸친 대규모 전쟁으로 황폐해졌고 전쟁 물품 생산 기지 역할을 했던 미국이 항공 산업과 철강, 조선 분야 등에서의 전쟁 특수로 인해 경제적인 부흥을 맞았다. 즉, 제1차 세계대전과 제2차 세계대전은 부(富)가 영국에서 미국으로 이동하게 된 계기가 되었다.

노르망디 상륙작전

노르망디 상륙작전은 세계 해전사상 바다로부터 이루어진 최대 규모의 상륙작전이었다. 총 85만여 명의 병력과 수송선 4200여 척, 상선과 보조선 1200여 척, 임시 항구를 만들기 위해 콘크리트를 끌고 갈 예인정 100여 척 등이 동원되었고, 198척의 군함이 이들을 호위하며 함포 지원을 했다. 항공기는 영국 1만 1590대, 미국 6080대, 기타 연합국 5510대 등 어마어마한 양으로 독일에 비해 15배나 우세했다.

1944년 6월 6일, 역사적인 노르망디 상륙작전이 개시되었다. 당일 새벽 1시 30분 상륙 지역을 엄호하기 위해 공수부대가 적지에 가장 먼저 발을 디뎠다. 이어 2시 30분경 지휘함이 닻을 내렸고 대규모의 선단 역시 자리를 잡아

갔다. 날이 밝을 무렵부터 상륙 돌격이 시작되어 이틀에 걸쳐 수없이 많은 상륙 부대가 파도처럼 노르망디 해안으로 밀려들었다. 연합군은 약 1만 명의 인명 손실을 입었으나 하루 만에 해안의 교두보를 확보해 상륙작전은 대성공이었다.

그 후 6일 동안 연합군은 32만여 명의 병력과 5만 4000대의 차량, 1만 4000톤의 보급품을 배에서 육지로 운반했다. 계획 단계에서 연합군 지휘관을 괴롭히던 문제는 '해상 수송이 지상을 통해 수송하는 독일군의 군수 지원 능력을 능가할 수 있는가'였다. 이는 처칠의 인공 부두 계책과 우세한 항공력으로 독일군의 열차, 다리, 보급창고와 보급로를 폭파함으로써 해결되었다.

연합군은 우세한 해양력과 항공력을 가졌으므로 이런

△ 노르망디 상륙작전 광경(출처 : 미 해군 역사 센터)

≫ 통상파괴전과 상륙작전

• 통상파괴전 : 전쟁이 나면 가장 먼저 적국으로 전쟁 물자가 들어가지 못하도록 하며 자국의 무역을 보호한다. 이를 위해 수행하는 작전을 통상파괴전通商破壞戰이라고 하며, 여기에는 해군력이 중요하다. 우선 적국의 항구와 공항으로 선박이나 항공기가 출입하지 못하도록 해상으로부터 봉쇄한다. 두 번에 걸친 세계대전에서 영국은 미국의 참전이 없었다면 항복 직전까지 갔을 것이며, 일본 역시 제2차 세계대전 시 원자폭탄이 투하되지 않았더라도 해상 봉쇄로 인해 한 달을 넘기지 못했을 것이다. 그 원인은 모두 봉쇄나 무제한 잠수함전으로 무역이 단절되어 철강, 석유, 식량 등 자원이 고갈되기 때문이다.

• 상륙작전 : 상륙작전은 자국의 항구에서 함정에 상륙군과 장비를 싣는 것에서 시작해 바다를 통해 적 지역의 육지에 교두보를 갖추는 것으로 마무리하는 해군 작전이다. 먼저 상륙 목표 해안에 있는 적의 방어 시설을 무력화하기 위해 함포, 항공기, 미사일, 해군 특전부대 등을 동원해 대대적인 공격을 펼친다. 그리고 상륙군을 보내 해안에 작전 수행 지역을 확보하면 상륙작전은 성공이다. 그 후 해군은 군수품을 지원하고 상륙군이 지상전을 수행한다. 상륙작전에서는 대함전은 물론 잠수함전, 기뢰전, 항공전, 특수전 등 모든 종류의 전투가 벌어지므로 가히 종합 전투라고 할 수 있으며, 그 성공 요건은 역시 바다와 하늘을 장악하는 것이다.

대규모 상륙작전을 성공시킬 수 있었다. 즉, 강력한 해양력을 보유한 나라는 어느 해안이든 자유롭게 상륙할 수 있는 능력이 있다. 이때 상대방은 넓은 해안선에 방어망을 구축하기 위해 엄청난 전력 소모를 하게 된다.

진주만 공격

1941년 12월 7일, 일본이 하와이에 있는 진주만을 기습함으로써 태평양 전쟁이 시작되었다. 일본은 미국과 영국의 경제제재 조치로 인한 자원 부족을 타개하려는 의도와 유럽에서 독일의 초반 승리에 고무되어 전쟁의 길을 택했다. 프랑스가 독일에 항복하자 독일, 이탈리아와 동맹 관계에 있던 일본은 그해 7월 프랑스가 지배하던 인도차이나 반도(베트남, 라오스, 캄보디아)로 군대를 파견해 주둔했다. 이는 중국에 대한 포위망을 구축함과 동시에 남방의 자원을 손에 넣기 위한 대책이었다.

비록 항공모함은 제1차 세계대전 중에 개발되었지만 당시의 주력함은 여전히 전함이었다. 하지만 미국과 일본은 모두 항공모함의 쓰임새를 깨닫고 있었고, 이에 따라 일본 해군은 항공기를 이용한 대규모 기습을 계획했다. 일본

△ 진주만 기습 장면(출처: 미 해군 역사 센터)

함대는 6척의 항공모함을 선두로 전함 2척, 순양함 3척, 구축함 11척, 잠수함 3척, 유류 지원함 8척 등으로 구성되었다. 기습 당시 진주만에는 미국 태평양 함대 전함 8척, 순양함 8척, 구축함 29척, 잠수함 5척, 기뢰전함 19척 등 총 94척의 함정이 정박하고 있었고, 미국 태평양 함대 소속 항공모함 3척은 모두 진주만을 벗어나 있었다.

미국 해군은 레이더로 일본 공습기를 탐지했으나 당직 사관이 이를 미국 항공기로 판단하고 경보를 울리지 않았다. 그 결과 미국 전함 4척과 기뢰전함 1척 등이 침몰했고 전함 4척, 순양함 3척, 구축함 3척 등이 손상을 입었다. 비행장 사격으로 해군기와 육군기 총 188대가 파괴되었으며 2500여 명의 전사자와 1380여 명의 부상자가 발생했다. 반면 일본군은 잠수함 1척과 소형 잠수정 5척이 격침되었으며 항공기 29대의 손실을 입었을 뿐이다. 일본 함대의 대규모 항공 기습은 대성공이었다. 이 해전에서 항공기의 중요성과 항공모함의 가치가 확실히 증명되자 드디어 항공모함이 주력함으로 떠올랐다.

더불어 말하자면, 미국은 진주만 공격으로 인한 국민의 분노를 해소하기 위해 1942년 4월 18일 일본의 도쿄를 공습했다. 공습 편대의 지휘관 이름을 따서 '두리틀 작전'으로 불린 이 공습은 사실 무리한 작전이었다. 당시 전력상 열세에 있던 미국이 항공모함으로 일본 본토에 접근한다는 것은 무모한 선택이었다. 그래서 항공모함에 지상 폭격기를 실은 후 일본을 폭격하고 중국으로 착륙할 수 있는 정도의 거리까지 접근해 폭격기 16대를 출격시켰다. 이는 비교적 소규모 폭격이었지만, 전쟁이 시작된 후 5개월간 파죽지세로 연전연승을 거듭하던 일본은 큰 충격을 받았다.

산호해 해전

1942년 5월 7일부터 8일까지 산호해에서 벌어진 산호해 해전은 역사상 최초로 군함끼리 서로 보이지 않는 거리에서 항공기를 이용해 싸운 해전이자, 항공모함끼리 싸운 최초의 해전이었다.

전술적으로는 일본이 승리했으나 전략적으로는 미국이 일본의 확장을 막은 것으로 평가되어, 미국의 승리로 보는 의견이 지배적이다. 이 해전 후 일본 함대는 미국 항공모함 함대를 유인해 결전을 벌여 격파하고자 했다. 이로써 미드웨이 해전을 향한 무대가 마련되었다.

미드웨이 해전

일본은 개전 초 연이은 승리에 도취되었다. 일본 함대는 미국의 남은 항공모함 부대를 찾아 격파하고자, 결전의 장소로 미드웨이를 택했다. 미드웨이는 하와이로 향하는 관문이었으므로 전략적으로 중요한 곳이었다. 당시 일본은 승리에 자만해 미국이 결전에 응하지 않고 피할 수도 있다고 생각했기 때문에 요충지를 공격해야만 미국이 대응할 것이라고 판단했다. 일본군 내부의 의견은 다양했으나 두리틀에 의한 본토 공습 이후 방어권을 확장할 필요성을 느꼈으므로 미드웨이 공략으로 결정되었다.

한편 미국은 진주만 공습 이후 일본의 후속 공격에 신경을 곤두세우고 있었다. 미국 태평양 함대는 1942년 봄부터 일본의 통신 양이 급증하는 것에서 공격을 준비하고 있

△ 미드웨이 해전도(출처 : 미 해군 역사 센터)

다는 사실을 알아챘다. 그리고 통신 감청과 암호 해독을 통해 공격 목표와 날짜를 알아냈다.

미국 태평양 함대는 당시 쓸 수 있는 항공모함이 2척밖에 없었다. 산호해 해전에서 심한 손상을 입은 항공모함 요크타운이 5월 27일에야 진주만에 도착했고, 수리 요원의 헌신적인 노력으로 3일 만인 5월 30일 출항할 수 있었다. 이로써 미국 해군은 항공모함 3척, 순양함 13척, 구축함 28척, 잠수함 25척, 항공기 344대를 해전에 투입하게 되었다. 반면 일본 함대 전력은 항공모함 5척, 경항공모함 3척, 수상기모함 3척, 전함 12척, 순양함 24척, 구축함 56척, 잠수함 24척, 항공기 246대의 대부대였다. 항공기를 제외

한 모든 전력에서 일본이 우세했다.

그러나 일본 함대는 미드웨이를 공격하기 위해 항공기에 지상 폭격용 폭탄을 준비했다가 뒤늦게 미국 항공모함을 발견하고 무장을 어뢰로 바꾸느라 우왕좌왕했다. 이런 혼란을 틈탄 미국 항공단의 공격으로 일본은 항공모함 4척을 잃어버렸다. 반면 미국은 요크타운을 잃는 데 그쳤다. 일본은 우세한 전력을 가지고도 이를 분산해 운용했으며 정보 수집에도 늦었다. 일본은 정예 항공모함을 잃자 공세에서 수세로 바뀌었다.

필리핀해 해전

미드웨이 해전에서의 승리를 계기로 반격에 나선 미국은 1942년 8월부터 1943년 1월까지 과달카날 섬에서 일본을 물리쳤다. 그리고 솔로몬 제도를 확보하는 데 또 1년이 걸렸다. 시간은 미국 편이었다. 연이은 해전에서 양국 모두 피해를 입었지만 일본은 이를 만회할 여력이 부족한 반면 미국은 오히려 전력을 더욱 증강시켜 나갔다.

미국 해군은 일본군의 강력한 방어 시설이 있는 섬은 항공모함의 항공기와 함포 사격으로 무력화시켰고, 방어가

취약한 섬은 상륙해서 점령했다. 이것이 이른바 '개구리 뛰기' 전법이다.

1944년 6월 15일 미국 해군이 사이판 섬에 상륙했고, 19일에는 일본 함대와 필리핀해에서 만났다. 함대 항공기의 전투 비행 거리는 일본 함대가 미국 함대에 비해 훨씬 길었다. 그러나 미국 해군은 레이더를 가지고 있었다. 네 차례에 걸친 일본 항공기의 공습을 이미 150마일 밖에서 탐지한 미국 함대는 400여 대의 전투기를 출격시켜 높은 고도에서 대기하다가 공격했다. 그 결과 일본은 240여 대의 항공기를 잃었고, 미국은 30대의 항공기만 잃었으며 함정에 아주 적은 손상을 입었다. 반면 일본 함대는 미국 잠수함의 공격으로 항공모함 2척이 침몰되었다. 결국 일본 함대는 오키나와로 퇴각했다. 미국 함대의 항공기들은 무리한 거리였지만 추격해 공격을 퍼부어 항공모함 1척을 추가로 격침시키고 2척에 손상을 입혔다. 레이더가 해전에서 중요한 역할을 하게 된 것이다.

레이테 해전

필리핀해 해전 이후 연합군의 공격이 빠르게 전개되었

으며, 미국 제3함대는 필리핀, 대만 등지를 연속적으로 폭격해 일본군의 저항력이 눈에 띄게 떨어졌다. 이렇게 되자 미국은 필리핀 상륙을 예정보다 앞당겨 1944년 10월 20일 레이테 섬에 상륙하기로 했다.

일본 함대는 레이테 섬에 대한 미군의 상륙을 저지하고자 출동했으나 전력이 열세였고 항공기는 겨우 110대뿐이었다. 항공력의 절대 부족 속에서 이때부터 자살특공대(카미가제)를 동원했으나 큰 효과를 보지는 못했다. 미국의 레이더에 의한 야간 사격 통제장치 때문에 일본은 야간 전투에서 미국을 따라잡을 수 없었다.

일본 함대는 절대 가라앉지 않는다고 자랑하던 6만 3700톤의 전함 무사시가 침몰되었다. 일본 육상기지 항공대는 미국 해군의 항공모함 전대를 발견하고 공격했으나 오히려 많은 일본 항공기가 격추되었고 자살 공격으로 경항공모함 1척을 겨우 침몰시켰다. 10월 25일 아침, 일본 함대는 레이테 만에 진입해 전함의 함포로 미국 항공모함을 공격하는 기회를 잡았으나 아무 이유 없이 방향을 돌려 후퇴하고 말았다. 이 생각지도 못한 회군은 아직도 수수께끼로 남아 있다.

한국전쟁 당시의 해전

1950~1953년 동안의 한국전쟁에서 중공군의 개입으로 미국이 처음에 주장하던 통일 한국을 이루지는 못했지만, 이 전쟁은 미국 해군과 해병대에게 있어 매우 의미가 있었다. 제2차 세계대전에서 미국이 승리한 것은 사실상 해군이 오랜 기간에 걸쳐 치러 온 해전과 상륙작전의 결과였다. 그러나 전쟁 말기 원자폭탄의 개발은 국민들에게 너무나 강한 인상을 주어 모든 공적이 마치 원자폭탄에 있는 것처럼 보였다. 이제 해군은 필요 없고 원자폭탄을 전 세계 어디든지 실어 나를 수 있는 공군만 있으면 될 것 같았다. 이에 공군과 국방성이 새롭게 창설되었고 해군의 항공모함 건조 계획은 취소되었다.

이런 분위기에 쐐기를 박은 것이 바로 한국전쟁이었다. 핵시대에도 국지전이 일어날 수 있었다. 전쟁이 발발하고 일주일 만에 미국 대통령은 북한에 대한 봉쇄 명령을 해군에 전달했다. 해군력은 완벽한 제해권 장악을 통해 인천, 원산, 흥남에 상륙작전을 실시해 불리한 전세를 뒤엎었다. 이로써 해군 무용無用론은 사라졌다. 또한 한국전쟁은 미국 해군이 제트기를 항공모함에서 처음으로 운용하는 기록을

△ 한국전쟁에 참여한 항공모함과 함대 제트
기(출처 : 미 해군 역사 센터)

남겼다.

미국 해병대 역시 한국전쟁의 덕을 보았다. 장진호 전투에서 악조건 속에서도 질서정연하게 후퇴한 제1해병사단은 미국군의 전설이 되었다. 인천상륙작전의 성공과 장진호 전투에 감명을 받은 미국 의회는 대통령과 국방부 장관, 해군 참모총장의 반대에도 불구하고 해군에서 해병대를 독립시켜 주었다.

한국전쟁이 일어난 후 북한은 남진을 계속하다가 유엔군의 참전으로 낙동강에서 머물게 되었다. 이에 유엔군은 북한군의 허리를 끊어 모조리 무찌른다는 계획을 세우고 첫 작전으로 인천상륙작전을 감행했다. 1단계로 1950년 9월 15일 오전 6시, 한·미 해병대는 월미도에 상륙하기 시작해 작전 개시 2시간 만에 점령했다. 2단계로 한국 해병 4개 대대, 미국 제7보병사단과 제1해병사단은 신속한 공격으로 인천을 점령하고 김포 비행장과 수원을 차지함으로써 인천을 완전히 손 안에 넣었다. 3단계로 한국 해병 2

△ 인천상륙작전 모습(출처 : 미 해군 역사 센터)

개 대대, 미국 제1해병사단은 19일 한강을 건너 공격을 시작하고 20일에는 주력 부대가 한강을 건넜으며, 26일 정오에 한국 해병대가 중앙청에 태극기를 게양한 후 작전을 끝냈다. 인천상륙작선은 '역사상 상륙작전의 효과를 잘 보여 준 최고의 직진'이었다.

이어 원산에 지상군을 상륙시킴으로써 빠르게 북으로 진격했다. 또한 흥남상륙작전을 통해 압록강에서 후퇴하는 미군과 한국군, 피난민을 포함한 총 19만 6000명의 인원, 35만 톤의 화물과 1만 7500대의 차량을 후송했다.

제해권을 가진다는 것은 원하는 장소와 시간에 마음대로 도착하고 떠날 수 있음을 의미한다. 한국전쟁, 특히 인천상륙작전은 핵시대에도 전통적인 해군력이 중요함을 알린 대표적인 사례였다.

유도탄과 유도탄정의 등장

　제2차 세계대전에서 카미가제 공격에 대한 대응책을 찾던 미국은 '범블 비'라는 프로그램에 착수해 10년의 개발 과정을 거쳐 테리어 대공 유도탄을 탄생시켰다. 이어서 사정거리 70마일의 탈로스 유도탄과 보다 단거리의 타타르 유도탄을 개발해 3중 대공방어 체계를 갖추게 되었다. 이들은 무게가 무거워 순양함에 실었다. 1968년부터 '스탠더드 미사일' 개발에 착수해 현재 미국 해군은 중·장거리 대공방어용으로 스탠더드 미사일을, 중·단거리 대공방어용으로 '시 스패로 미사일'을 사용하고 있다.

　함정을 공격하기 위한 대함 미사일은 구소련에서 1950년대에 개발되었다. 그중 소형 함정에 실을 수 있도록 한 것이 P-15로, 서구 국가들이 '스틱스 미사일'이라고 부르는 것이다. 이 유도탄을 실을 수 있는 유도탄정 역시 구소련이 1960년대 초 개발해 여러 척을 수출했다. 1967년 소련제 유도탄 스틱스에 의해 이스라엘 구축함이 침몰된 것에 놀란 미국은 함대함 또는 공대함 미사일을 기초로 하여 '하푼'을 개발했고, 이 미사일을 1977년 미국 해군 항공기와 함정에 실었다.

△ 소련제 OSA급 유도탄정. 일상적으로는 스틱스 유도탄 4기를 싣는다.

또한 1970년대에 미국 해군은 잠수함에 실어 지상을 공격할 수 있는 아음속 순항 미사일 '토마호크'를 개발했다. 1991년 걸프전쟁에서 미국 해군은 288발의 토마호크 미사일을 사용해 다양한 이라크 지상 표적을 격파했다. 이로써 함정에 실은 미사일로 함정과 항공기 그리고 지상 표적을 타격할 수 있는 시대가 열렸다.

≫군함에서 사용하는 유도탄의 종류

• 함대함 유도탄 : 군함에서 군함을 공격하기 위한 유도탄으로, 우리나라 해군과 미국 해군에서 사용하는 하푼이 대표적이다.

△ 하푼 발사 장면

• 함대공 유도탄 : 군함에서 항공기나 날아오는 유도탄을 기다리다가 도중에 맞받아치기 위한 유도탄으로, 스탠더드와 시 스패로 등이 있다.

△ 비행 중인 토마호크

• 함대지 유도탄 : 군함에서 지상의 표적을 공격하기 위한 유도탄으로, 토마호크가 대표적이다.

△ 대잠 유도탄 발사 장면

• 대잠 유도탄 : 군함에서 잠수함을 격침시키기 위한 유도탄이다. 이는 멀리 날아가는 어뢰로 보면 된다. 유도탄에 의지해 멀리 날아가 일단 물속으로 들어가면 어뢰처럼 작동하기 때문이다.

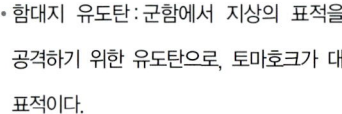
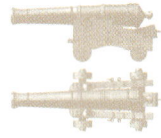

중동전쟁 당시의 해전

중동전쟁 기간 중에 있었던 이스라엘과 아랍 해군 간의 해전은 비록 소규모였지만, 대함 유도탄과 전자전의 효용성을 입증한 중요한 해전이었다. 이 해전은 함포의 시대가 저물어 가고 유도탄의 시대가 왔음을 알려 주었다.

포트사이드 해전

중동전쟁 기간 중이었던 1967년 10월 21일, 이집트의 포트사이드 항구 안에 있던 코마급 유도탄정이 미사일 2발을 발사해 외해에서 경계 중이던 이스라엘의 기함(구축함)을 침몰시켰다. 이는 해전사상 최초로 미사일 공격에 의해 군함이 가라앉은 사건으로 세상의 주목을 받았다. 이로써 함포의 시대가 가고 미사일의 시대가 시작되었다.

라타키아 해전

1973년 10월 6일, 10월전쟁으로 알려진 제4차 중동전쟁 중에 벌어진 이 해전은 세계 최초로 유도탄정 사이에 유도탄으로 교전했으며, 최초로 전자전을 활용한 해전이었다. 전쟁이 시작되자 그날 밤에 5척으로 구성된 이스라엘 유도탄정 전대는 시리아 연안으로 출동했다. 이스라엘 유도탄정 전대는 시리아 유도탄정으로부터 총 10발의 미사일 공격을 받았으나 이를 모두 피했다. 반면 이스라엘의 미사일은 시리아의 유도탄정 2척과 소해정 1척을 격침시켰다. 또한 함포로 어뢰정 1척과 유도탄정 1척을 격침시켜 이 소규모 해전은 이스라엘 해군의 승리로 끝났다.

이스라엘 해군은 이어서 8일 저녁에 이집트와 해전을 치렀다. 이 해전은 다미에테-발라틴 해전으로 알려져 있다. 이 해전에서도 이집트가 먼저 미사일 12발을 발사했으나, 이스라엘 유도탄정은 이를 모두 피하고 유도탄으로 이집트 유도탄정 3척을 침몰시켜 승리를 거뒀다. 포트사이드 해전 이후 유도탄에 대한 대응책을 연구하고 새로운 유도탄을 개발한 이스라엘의 노력이 결실을 맺은 것이었다.

그 결과 이집트 해군은 모든 유도탄정이 기지에 대기하며 미사일 사정거리에 이스라엘 함정이 들어오면 공격하는 수세적인 전술을 펼 수밖에 없었다. 이스라엘은 해상 교통로를 차지하고 이집트 해군에 대한 공격과 선박 호송을 동시에 수행했다. 원활한 전쟁 물자의 수입이 가능했음은 물론이다. 드디어 본격적인 유도탄과 전자전의 시대가 열렸다.

여기서 잠깐 군함에서 사용하는 전자전의 종류를 살펴보자. 먼저 '전자전 지원책'은 적의 군함이나 항공기에서 사용하는 레이더 등의 전자파를 수집해 그 주파수 특성을 파악하고 위치를 확인하는 것이다. 그리고 '전자 방해책'을 이용해 적 전자파와 동일한 주파수의 전자파를 더 강하게 보내어 적의 전자 장비를 못 쓰게 하거나, 우군 함정에 의한 반사파처럼 만들어 우군 함정의 위치를 교묘히 속일 수 있다. 마지막으로 '전자 대응책'은 적이 전자파를 방해하거나 속이는 것에 대응하기 위한 방책으로, 주로 사용하는 주파수 대역을 수시로 변경하는 방법을 사용한다.

포클랜드 전쟁

포클랜드 전쟁은 영국이 소유하고 있던 포클랜드 섬을 1982년 4월 아르헨티나가 무력으로 점령하자, 이를 다시 탈환하기 위한 영국 함대의 원정기이다. 당시 영국은 재래식 해군력을 감소하는 중이었으므로, 아르헨티나는 영국의 장거리 원정이 어려울 것으로 판단했다. 그러나 영국은 포클랜드를 포기할 경우 다른 지역의 섬까지 분쟁에 휘말릴 것을 걱정해 강력하게 대처했다. 영국은 이 문제를 즉시 유엔에 제소했고 유엔 안전보장이사회는 아르헨티나군의 철수 결의안을 채택했다. 외교적인 노력이 이어졌고 유럽 각국은 영국을 지지해 아르헨티나에 대한 무역을 중단했다.

영국의 대처 수상은 핵추진 잠수함을 먼저 출항시켰으며, 1982년 4월 5일에는 항공모함을 중심으로 하는 기동함대를 출항시켰다. 영국은 단기 속결전을 계획했고, 핵추진 잠수함으로 아르헨티나의 해군 작전을 봉쇄하는 한편 항공모함의 엄호 아래 기습적인 상륙작전을 계획했다. 반면 아르헨티나는 장기전으로 끌고 가기를 희망했으며, 포클랜드에 수비군을 증강하고 우방국으로부터 신형 장비를 들여왔다.

영국은 4월 12일부터 포클랜드 반경 200해리 해역을 봉쇄 해역으로 선포했다. 4월 29일 드디어 영국 기동부대가 포클랜드 해역에 도착했으며, 5월 1일부터 제공권과 제해권을 확보하기 위한 공세적인 작전을 시작했다.

아르헨티나 역시 구식 항공모함 1척을 포함한 전력을 4개 전대로 편성해 200해리 외곽에서 시위 기동을 했다. 그러나 이날 아르헨티나 군함이 영국 핵잠수함으로부터 어뢰 공격을 받아 침몰한 후, 아르헨티나 해군은 자국 연안으로 철수해 아무런 역할을 하지 못했다.

영국의 해양력에 대해 아르헨티나는 공군력으로 대응해 영국의 구축함 2척과 호위함 1척을 침몰시켰으나, 폭탄이 자주 불발하는 등 효과적인 공격을 하지 못했다. 결국 5월 28일에는 영국 상륙군이 동포클랜드 섬의 구스그린과 다윈을 점령했고, 6월 14일 아르헨티나가 정식으로 항복함으로써 포클랜드 전쟁은 영국의 재탈환 성공으로 끝났다.

포클랜드 전쟁은 오늘날 항공기를 비롯한 무기 체계가 다양하게 발달되었지만, 여전히 해양력의 중요성은 과거와 같다는 것을 입증해 주었다. 특히 전쟁 초기 영국이 핵추진 잠수함을 이용해 전쟁 해여에 대한 봉쇄를 할 수 있었던 것은 전략적으로 큰 이점이 되었다. 반면 아르헨티나는 해양력을 일부 가지고 있었음에도 이를 적절히 활용하지 못했다.

걸프전쟁

이라크가 1990년 8월 2일 쿠웨이트를 침공함으로써

일어난 걸프전쟁은 현대 무기 체계가 총동원된 첨단 전쟁이었으며, 여기서도 해양력의 중요성은 입증되었다.

전쟁이 일어나자 미국은 즉시 경제제재 조치를 취해 국내 이라크 자산을 동결하고, 원유 수입을 금지했으며 송유관을 폐쇄했다. 유엔 안전보장이사회 역시 6일 경제제재 조치를 결의하고 모든 회원국에게 이라크와의 무역 금지를 요구했다. 경제제재 조치는 현대전에서 군사 행동 이전에 취해지는 조치로, 상대국을 경제적으로 고립시키는 것이다. 이 때문에 이라크는 심각한 타격을 받았다. 9월 1일에는 식량 배급을 시작했고, 10월에는 가솔린을 배급하기에 이르렀다. 해상 봉쇄, 즉 해양력은 전투가 벌어지기도 전에 이미 이라크에게 큰 고통을 안겨 주었다.

8월 7일부터 군사력 증강이 시작되어, 인도양에서 작전을 수행 중이던 미국 제7함대 소속 인디펜던스 항공모함 전투단을 선두로 총 6개의 항공모함 전투단이 몰려들었다. 이는 제2차 세계대전 이후 최대 규모였다. 미국 해군은 대규모 보급선을 즉시 이라크 해역으로 집결시켰다. 전쟁이 수행되는 동안 보급품과 탱크 등 전쟁에 필요한 전체 화물의 95퍼센트가 해상 수송을 통해 이동했다.

1991년 1월 17일, 미국 함정의 토마호크 미사일이 이라크의 대공방어 시설, 핵무기 및 화학무기 기지, 사담 후세인의 지휘소 등을 향해 발사됨으로써 이라크에 대항하는 다국적 연합군의 공격이 시작되었다. 해군 함정으로부터의 장거리 정밀 공격은 이라크의 지대공 미사일 등 대공방어 능력을 초기에 초토화시켰다. 또한 항공모함으로부터 발진한 전자전 항공기는 폭격기가 공격하기에 앞서 이라크의 레이더와 같은 조기경보 체계를 무력화시켰다. 이렇게 함으로써 연합군 폭격기는 별다른 희생 없이 이라크의 주요 시설에 폭격을 가할 수 있었다.

이라크의 해군력은 연합군에 비해 보잘것없었다. 소형 함정 79척, 다수의 대함 미사일과 기뢰를 가지고 있을 뿐이었다. 연합군은 보이는 대로 항공기로 이라크의 함정을 공격해 대부분 궤멸시켰다. 결국 이라크 해군의 활동은 원천적으로 봉쇄되고 말았다.

연합군은 마치 쿠웨이트 해안에 대규모 상륙작전을 할 것처럼 활동했다. 해군은 해병 원정군을 싣고 공개적으로 상륙작전 연습을 실시했으며, 전함은 계속 해안 기지에 함포 사격을 퍼부어 곧 상륙작전이 있을 것처럼 가장했다. 이

△ 현대 해양력의 상징인 항공모함

라크군은 상륙작전에 대비해 해안에 기뢰, 지뢰, 방어 진지, 포대 등 여러 가지 상륙 방해 시설을 설치했으며, 강력한 기계화 부대와 최소한 7개 보병사단 8만 명을 해안 방어에 투입했다.

　걸프전쟁에서 해양력은 전쟁 초기 가장 먼저 투입되어 경제제재 조치를 수행하고 해상을 통한 대규모 전쟁 물자 수송을 가능하게 했는데, 이것만으로도 군대의 사기에 큰 영향을 미칠 수 있었다. 전투에서는 초기 이라크 대공방어망과 항공기를 장거리 함대지 미사일과 전자전 항공기로 무력화시킴으로써 육군과 공군의 공격 시 희생을 줄여 주었다. 그리고 언제든지 상륙작전을 할 수 있다는 가능성만으로도 대규모 이라크군을 해안에 붙들어 놓을 수 있었다.

이와 같이 현대의 해양력은 언제 어디를 공격할 것인가 선택할 수 있는 자유를 제공한다. 또한 바다를 자유롭게 사용할 수 있도록 하여 대규모 전쟁 물자 수송이 가능하게 해준다.

해전의 미래

역사적으로 해전의 시대는 군함의 동력 변화에 따라 구분되었다. 아마 미래에도 새로운 동력이 등장할 가능성과 이를 이용하는 나라가 패권국으로 등장할 가능성은 열려 있다고 보아야 할 것이다. 또한 무역 국가는 해양력에 의존해 왔기에, 세계 최강의 해군력을 보유한 니라는 세계 최대의 무역국이 되었다.

항공기가 발달한 오늘날에도 대부분의 무역은 바다를 통해 이루어지며 미래에도 이런 추세는 변함이 없을 것이다. 즉, 세계를 무대로 하는 자국의 무역을 보호하기 위해서는 해군력을 포함한 강력한 해양력을 가지는 것이 꼭 필요하다. 더욱이 오늘날 석유와 같은 천연자원을 얻는 것이 필수적인 과제로 등장하면서 바다를 조금이라도 더 차지하려는 움직임은 해양력의 필요성을 더욱 부추기고 있다.

해양 경계 획정의 문제는 도서(섬) 분쟁으로 이어져 핵시대에도 여전히 국지전의 발생 가능성을 안고 있다. 국가 간의 분쟁 가능성 외에도 미래에는 테러, 해적 행위, 마약 거래, 밀무역, 해양오염 등의 여러 가지 불안 요소가 바다에서의 안전한 무역을 위협할 것으로 예상된다. 이런 요소들을 종합해 볼 때 "바다를 제패하는 자가 세계를 제패한다"는 테미스토클레스의 오래된 격언이 미래에도 적용될 것이다.

우주 전쟁과 미래 해전

미국은 이미 우주왕복선을 운영하고 있다. 이는 평화롭게는 인류에게 우주여행의 시대를 여는 희망이 되지만, 그 반대로 우주에 무기를 올릴 수도 있다.

2007년 말 중국은 자국의 인공위성을 자국의 미사일로 쏘아 추락시켰고, 이듬해 초 미국도 함정에서 미사일을 발사해 고장 난 첩보위성을 제거했다. 미국을 중심으로 연구 중인 탄도탄 방어 기술 역시 상당한 진전을 보여 저고도 방어를 제외하면 대부분의 미사일 공격 방어가 가능하다고 볼 수 있다. 저고도 방어란 대기 밖에서 지표를 향해 엄청난 속도로 떨어져 내리는 탄도탄을 맞받아치는 기술이다. 이 저고도 방어 기술이 개발되면 우주에 무기를 올리고 우주 공간에서 이동하는 물체를 공격하며, 우주로부터 지구의 어느 한 곳을 공격하는 기술과 방어하는 기술이 모두 갖추어진다.

처음에는 핵무기가 미국의 전유물이었으나 곧 여러 나라가 이를 개발해 경쟁 상태가 되었다. 우주 무기도 현재에는 미국의 전유물이지만 결국에는 미국도 그 위협 아래 들어갈 것이라는 이유로, 미국에서 우주 무장을 반대하는 목소리가 높다. 그러나 미국이 미사일 방어 체계를 완성해 우주로부터의 공격을 방어할 사신이 생긴다면 이야기는 달라질 것이다. 아무튼 우리는 이미 우주 전쟁 시대의 문턱에 서 있다는 생각을 지울 수 없다.

우주로부터, 즉 하늘에서 미사일이 떨어질 수 있는 우주 전쟁 시대에 해전이란 어떤 의미를 가질까. 그 해답은 지상의 모든 물체가 우주로부터의 감시에서 자유로울 수 없으나 바다 속은 여전히 은신처로 남아 있다는 사실에서 찾을 수 있다. 한 나라가 다른 나라를 우주로부터 공격할 경우 잠수함과 같은 함정에 대응 무기를 싣고 있다가 이를 방어하든지 최소한 보복 공격을 가할 수 있다. 따라서 우주 전쟁 시대의 해군력은 적의 공격, 즉 전쟁을 억제할 수 있다. 이런 이유로 우주로부터 바다 속의 잠수함을 찾아내려는 노력 역시 선진국들을 중심으로 활발하게 연구되고 있다. 그러나 아직은 신뢰할 만한 대안이 존재한다는 증거를 찾기 어렵다.

미래 해양력의 평소 역할

미래 우주 전쟁의 가능성에도 불구하고, 핵시대에 핵전쟁이 일어나지 못하듯이 우주 시대에도 우주 전쟁이 일어날 수 있을지는 의문이다. 우주 무기가 개발되어 하늘로부터의 위협이 존재하는 상황에서도 아마 해군력은 전통적인 역할을 수행할 것이다. 해군력은 전쟁에도 쓸모가 있지만 평소에도 위기 관리와 무역 보호, 외교 지원이라는 역할을 맡는다. 해군은 평소에 한 국가의 국력을 대표하며 세계를 종횡무진 누빌 수 있어 그 역할이 더욱 빛난다.

해양력의 핵심이 되는 군함은 치외법권(다른 나라의 영토에 있어도 그 나라의 국내법을 적용받지 않는 권리)을 누릴 수 있어 세계 어디를 가든지 자국의 영토와 같은 법적 권한을 가진다. 제2차 세계대전이 끝나고 일본의 항복 문서 체결이 미국 전함에서 이루어진 것도 바로 이런 이유 때문이다. 또한 군함은 국력의 상징이다. 기술력과 경제력 등 국력이 강한 나라일수록 우수한 군함을 만들 수 있기 때문이다.

역사적으로 선박, 특히 군함은 당대 최고 기술의 집약체였다. 오늘날에도 군함은 복잡한 전자 장비와 첨단 기술을 담고 있는 무기 체계를 싣고 있어 인공위성, 항공기 등과 같은 고도의 기술 집약체라고 할 수 있다. 이는 해양력의 발달은 곧 관련 기술의 발달을 의미한다는 것을 말해 준다. 미래 우주 전쟁에 대비한 해양력을 준비한다면 이는 틀림없이 관련 기술의 발달을 불러올 것이다.

무엇보다도 해양력은 평소에 인류 평화에 이바지할 수 있다. 2004년 크리스마스에 인도양에서 지진해일이 발생하자 구호와 지원에 주역을 담당한 것이 미국의 항공모함 기동전단이었다. 이와 같이 해양력은 인류에게 닥칠 수 있는 커다란 자연재해에 대응해 세계 어디에나, 특히 도로가 끊기고 활주로가 폐쇄된 곳에도 구호와 도움의 손길을 제공할 수 있다.

참고문헌

해군대학 해양전략연구부, 『세계해전사』, 해군인쇄창, 1998.

해군대학 해양전략연구부, 『한국해전사』, 해군인쇄창, 1999.

해군전투발전단, 『독일 해군사 연구』, 해군인쇄창, 2002.

해군전투발전단, 『스페인 해군사 연구』, 해군인쇄창, 2003.

해군전투발전단, 『중국-러시아 해군사 연구』, 해군인쇄창, 2001.

허홍범, 『군함 이야기』, 좋은책만들기, 2006.

라이오넬 카슨 지음 · 김훈 옮김, 『고대의 배와 항해 이야기』, 가람
    기획, 2001.

루크 붕크 지음 · 안성찬 옮김, 『역사와 배』, 해냄, 2006.

아오키 에이치 지음 · 최재수 옮김, 『'시 파워'의 세계사 2』, 한국
    해사문제연구소, 2000.

제임스 L. 조지 지음 · 허홍범 옮김, 『군함의 역사』, 한국해양전략
    연구소, 2004.

Lionel Casson, 『Ships and Seamanship in the Ancient
    World』, The Johns Hopkins University Press, 1995.

Nathan Miller, 『The U.S. Navy : A History』, US Naval Institute
    Press, 1997.